DESIGN THINKING

设计思考

——产品设计创新能力开发

叶 丹 编著

中国建筑工业出版社

图书在版编目（CIP）数据

设计思考——产品设计创新能力开发/叶丹编著.
北京：中国建筑工业出版社，2011.12
ISBN 978-7-112-13717-6

Ⅰ.①设… Ⅱ.①叶… Ⅲ.①设计学 Ⅳ.①TB21

中国版本图书馆CIP数据核字（2011）第224557号

设计，本质上是一系列创造性的思维活动，如何提高设计初学者的创造能力是重要的研究课题。本书从设计专业教学的特点出发，给出了图解思考法、概念思考法等十个有效的思维工具，以及这些理论原理、课堂训练的方法和示例，这些工具有助于设计师进行创造性的活动。此外，也可作为其他专业开拓思维而进行的训练之用。

责任编辑：陈小力　焦　斐
责任设计：董建平
责任校对：党　蕾　赵　颖

设计思考
——产品设计创新能力开发
叶　丹　编著
*
中国建筑工业出版社出版、发行（北京西郊百万庄）
各地新华书店、建筑书店经销
华鲁印联（北京）科贸有限公司制版
廊坊市海涛印刷有限公司印刷
*
开本：787×960毫米　1/16　印张：7　字数：125千字
2011年12月第一版　2016年8月第三次印刷
定价：36.00元
ISBN 978-7-112-13717-6
（21494）

目　录

第1章
视觉思考

（1）教学内容：感知觉思维的理论和方法。

（2）教学目的：1）提高感官知觉能力，学会用视觉和动觉思维方式进行观察、联想和构绘；

2）提高对生活的敏感度，激发对周边事物的好奇心；

3）通过眼睛观察、动脑思考、动手制作的过程，加深对设计的认识与理解，为后续学习打下良好的基础。

（3）教学方式：1）用多媒体课件作理论讲授；

2）学生以小组为单位，进行实物观察、构绘，教师作辅导和讲评。

（4）教学要求：1）通过学习视觉思维理论，掌握观察构绘的方法，提高思维的灵活度；

2）加强感觉表象的存储和利用视觉意象转化的训练，以提高和丰富想象力；

3）学生要利用大量课外时间去图书馆、上网搜寻和选择动、植物资料。

（5）作业评价：1）敏锐的感知觉能力及清新的表达；

2）能体现思考过程，而不是对某现成品的模仿；

3）构思新颖，视角独特。

（6）阅读书目：1）[瑞士]皮亚杰.发生认识论原理[M].北京：商务印书馆，1997.

2）[美]鲁道夫·阿恩海姆.视觉思维[M].四川人民出版社，1998.

3）[英]东尼·博赞.思维导图[M].北京：外语教学与研究出版社，2005.

1.1 设计思维

设计——本质上是一系列创造性的思维活动。所以，初学者最想了解的是：面对复杂而不确定的问题，设计者是如何思考的？

“思考”是动词，“思维”是名词，本书更多地把“思考”当作过程来理解。

“思考”、“思维”和“设计”一样被广泛地应用在日常生活中，常常有这样的说法：

“值得思考的是我们是如何走到今天这一步的？”——这是一种回忆；

“金融危机后的思考”——这是一种反思；

“思考一下，下一步该怎么走？”——这里的“思考”意味着一种对今后的期望和推理。

“回忆”、“反思”、“期望”、“推理”这些词的背后都是在运用人类特有的想象力，“想象”和“设计”一样具有多样性和不确定性。

对“思维”的研究，其实就是对人类自身的研究。有关思维的系统研究却是上个世纪的事。最初的行为主义心理学派试图从单纯的“刺激——反应”之间的直接关系来解释思考过程，认为思考实际上只是一种潜在的语言或者“自言自语”；发生认识论的创始人皮亚杰（Jean Piaget，1925年）在研究儿童思维发展过程后提出人类发展的本质是对环境的适应，这种适应是一个主动的过程。不是环境塑造了儿童，而是儿童主动寻求了解环境，在与环境的相互作用过程中，通过同化、顺应和平衡的过程，认知逐渐成熟起来；直到格式塔心理学派的出现对探索设计思维有了实质性意义。格式塔将“思考”更多地视为一种“过程”和“组织”，而不是一种机械化行为。格式塔的代表人物韦德海默（Max Wertheimer，1959年）认为，所谓解决问题就是去捕捉事物之间的结构性联系，通过重组发现一条解决问题的途径。他还进一步发现，这种对事物在心智层面上的重组，只有通过运用多种智力模式才能获得。

格式塔心理学家巴特利特（Batelite，1958年）对人在脑海里是如何再现外部世界的方式进行研究，在其重要著作《思维：实验心理学和社会心理学的研究》中提出了“图式”的观点。图式代表一种对过去经验的主动性总结，它可以用来构成和说明未来。在一系列实验中，巴特利特要求被试对象先用大脑记住一些图像，几周后再进行回忆，并重新绘制出来，以此证明了人对事物的记忆程度取决于对事物须有所理解，甚至是欣赏，才会形成合适的图式。这与皮亚杰的《发生认识论》中的观点是相似的。

认知心理学家在研究中发现：思考与感知之间有许多相似之处。“假设思考有两个阶段：第一阶段思维非常活跃，就像计算机内部的运算一样，大致的想法在看到或听到某些事物之前就已经成形；第二阶段开始有意识地注意细节、深思熟虑，真正的思考工作是在该阶段完成的。第一、第二阶段的历程和发展，始终会以第一阶段被记住的事物以及被组织的方式为基础进行。认知理论非常关注人们组织和保存感知事物的方式。对某事回想不起来，类似于视而不见。感知和思考中注意力会引导我们的思路，因而对解决问题至关重要。”[①]

此外，思维的类型有两种：一种是理性的、合乎逻辑的思考过程；另一种是直觉的、充满想象的思考过程。这两种思考方式分别称为“收敛型”和“发散型”。收敛型思考要求具有推理和分析的技巧，以获得一个清晰、正确的答案，这种能力一般认为多应用在科学研究中；发散型思维则采用跳跃的、不受限制的方法，以寻求多种可选择的方案，其中的方案很难有所谓的最佳方案。举个例子：如果征求“回形针的用途”，回答可以作搭扣、书签之类的，属于收敛型思维；如果回答蚊香支架、开锁钥匙之类的，就属于发散型思维。前者可以用“智商”来评价，后者则可以用“创造力”来评价。由于设计很少会一下子找到好的解决方案，因此需要一个发散型的思考过程。但并不是说在设计过程中就不需要收敛型思考，相反，尤其在设计后期，收敛型思考起着相当重要的作用。

人类对“思维”的研究仅仅是开始。我们再对设计思维作探讨（这里所指的设计思维包括工业设计、建筑设计、包装设计、环境设计等）。其特征是既有逻辑思维，又有形象思维和非逻辑思维。设计过程虽然需要使用语言、尺度、计算等思维工具，但更多的是涉及形态、色彩、感觉、空间等内容，思维成果是图纸、模型等形象性的方案。由此看来，设计师在素材收集、构思表达、方案陈述等方面更多运用的是视觉思维。“视觉思维”的概念最初是由美国哈佛大学心理学教授鲁道夫·阿恩海姆（Rudolf Arnheim，1969年）在其同名专著中提出的。还首次提出了“视觉意象”（visual image）在人类的一般思维活动、尤其是创造性思维活动中的重要作用和意义。视觉思维不同于言语思维和逻辑思维，其创造性特征是：“一，源于直接感知的探索性；二，运用视觉意象操作而利于发挥创

---

① [英]布莱恩·劳森.设计思维——建筑设计过程解析[M].北京：知识产权出版社·中国水利水电出版社，2007：108.

造性想象作用的灵活性；三，便于产生顿悟或诱导直觉，也即唤醒主体的无意识心理的现实性。”[1]

美国斯坦福大学教授、心理学家麦金 (R. H. McKim，1982年) 还提出了观看(vision)、想象(imagination)和构绘(composition)三种能力相结合的视觉思维教学模式。麦金认为视觉思维是借助三种视觉意象进行的：其一是“人们看到的”意象；其二是“用心灵之窗所想象的”；其三是“我们的构绘，随意画成的东西或绘画作品”。“虽然视觉思维可能主要出现在看的前前后后，或者仅仅出现在想象中，或者大量出现在使用铅笔和纸的时候，但是有经验的视觉思维者却能灵活地利用所有这三种意象，他们会发现观看、想象和构绘之间存在着相互作用”。[2]

好，我们的课程就从“观察”开始（图1-1 ~ 图1-6）。

图1-1　注重观察，从整体到细部的描绘

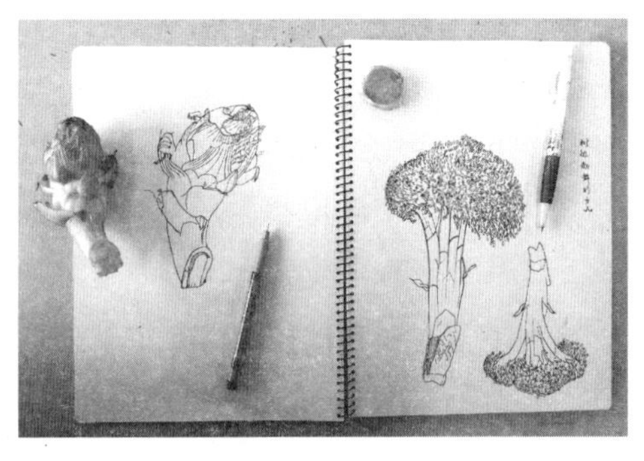

图1-2　原来蔬菜也是有表情的

图1-3　近距离的观察、触摸，有利于提高领悟力

图1-4　从剖开的蔬菜中观察到别样的自然结构

① 傅世侠、罗玲玲. 科学创造方法论——关于科学创造与创造力研究的方法论探讨 [M]. 北京：中国经济出版社，2000：342.
② [美]R·H·麦金. 怎样提高发明创造能力 [M]. 大连：大连理工大学出版社，1991：13.

图1–5　从眼睛到手——外化的思维过程

图1–6　外化的思维成果

练习01：观察与描绘

要求与程序：以小组为单位，随机分发多种新鲜蔬菜；要求仔细观察蔬菜实物，并从形态、构造、色彩、神态等方面进行想象；作观察笔记。

练习02：观察笔记

要求：走出教室，在校园、公园、商店，以及自己的宿舍，用心观察人、物和环境；作观察笔记。

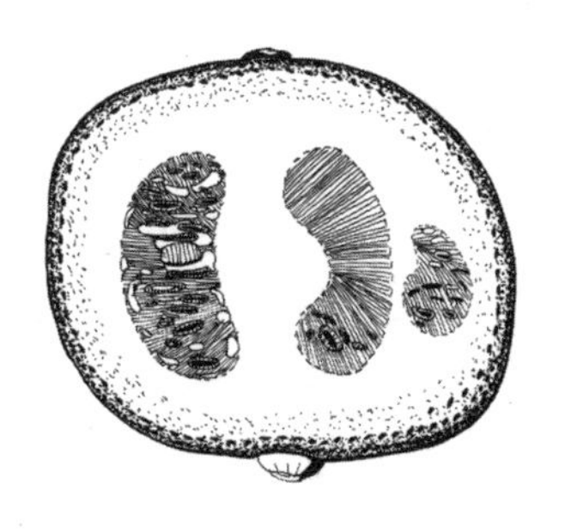

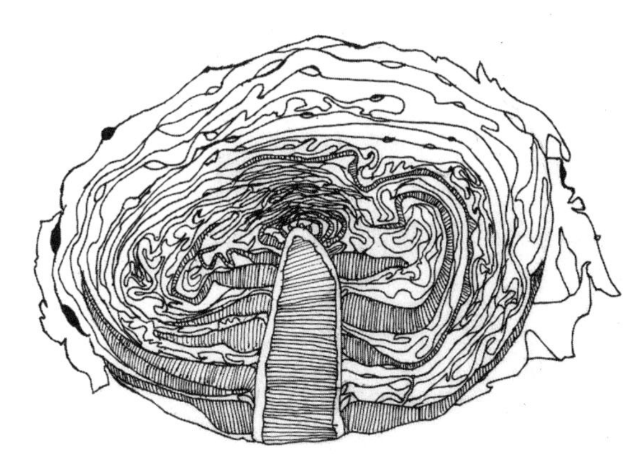

图1–7　蔬菜观察笔记（一）

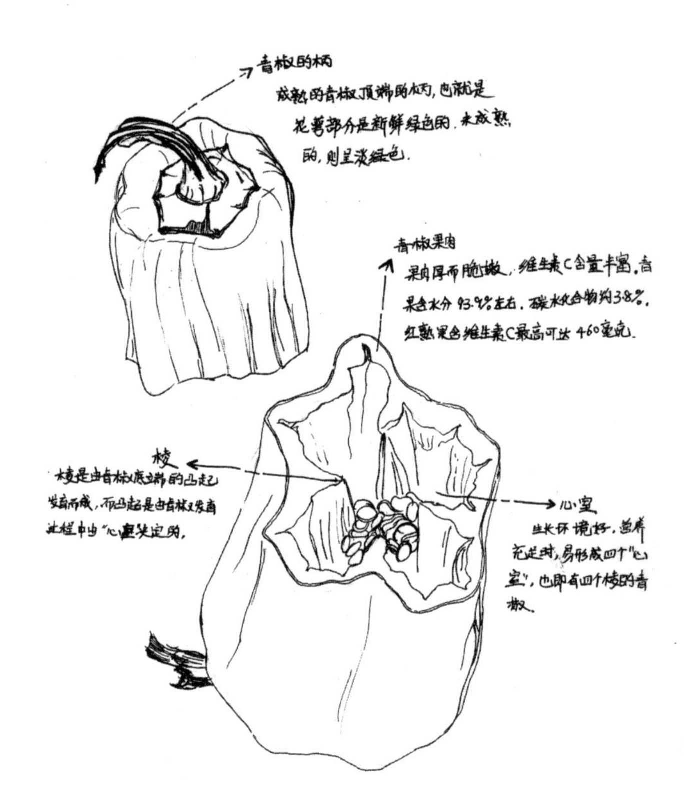

图1-7 蔬菜观察笔记（二）（作者：童悦、张芬）

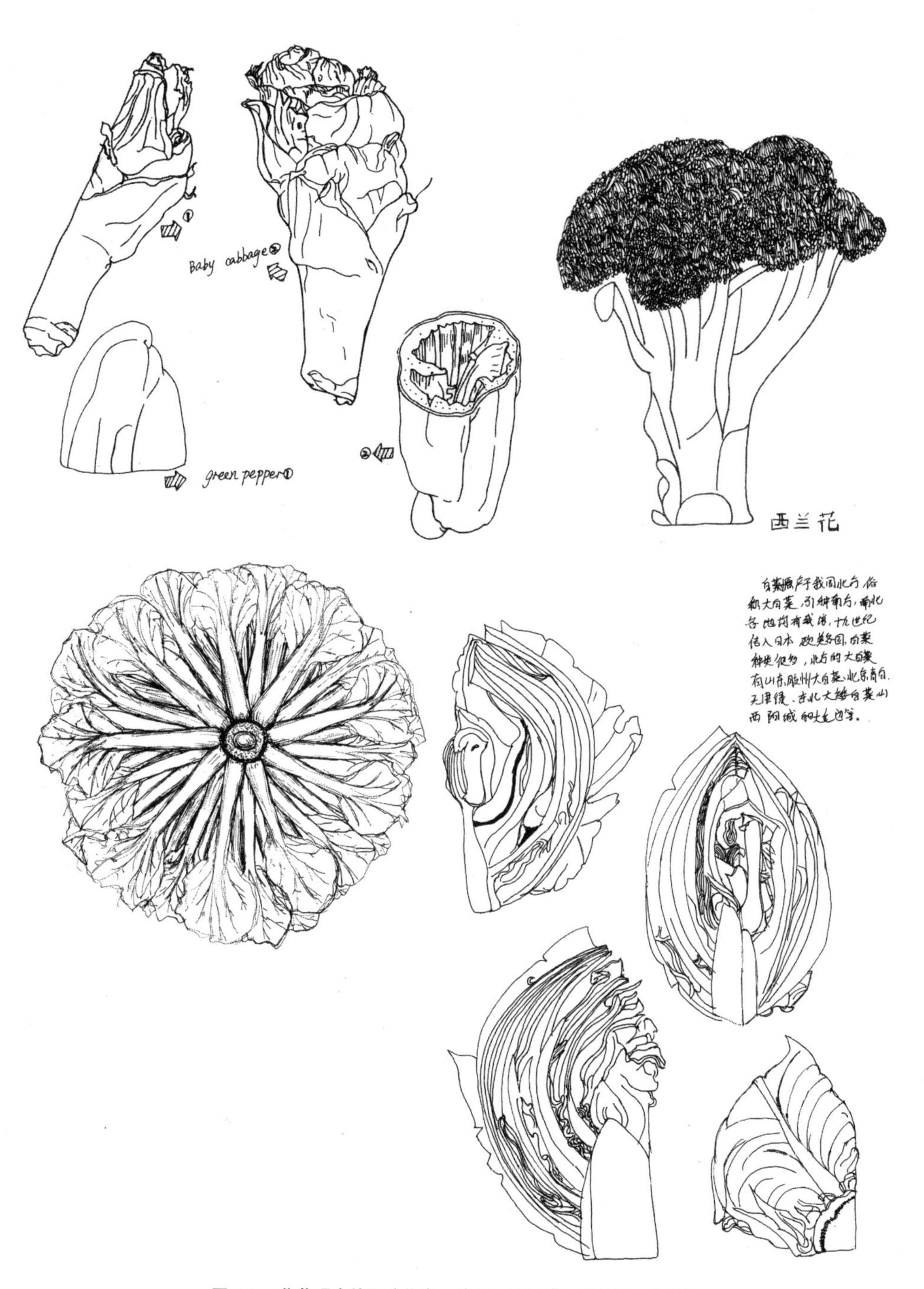

图1–8　蔬菜观察笔记（作者：施齐、裘洁燕、戴娅平、陈漾）

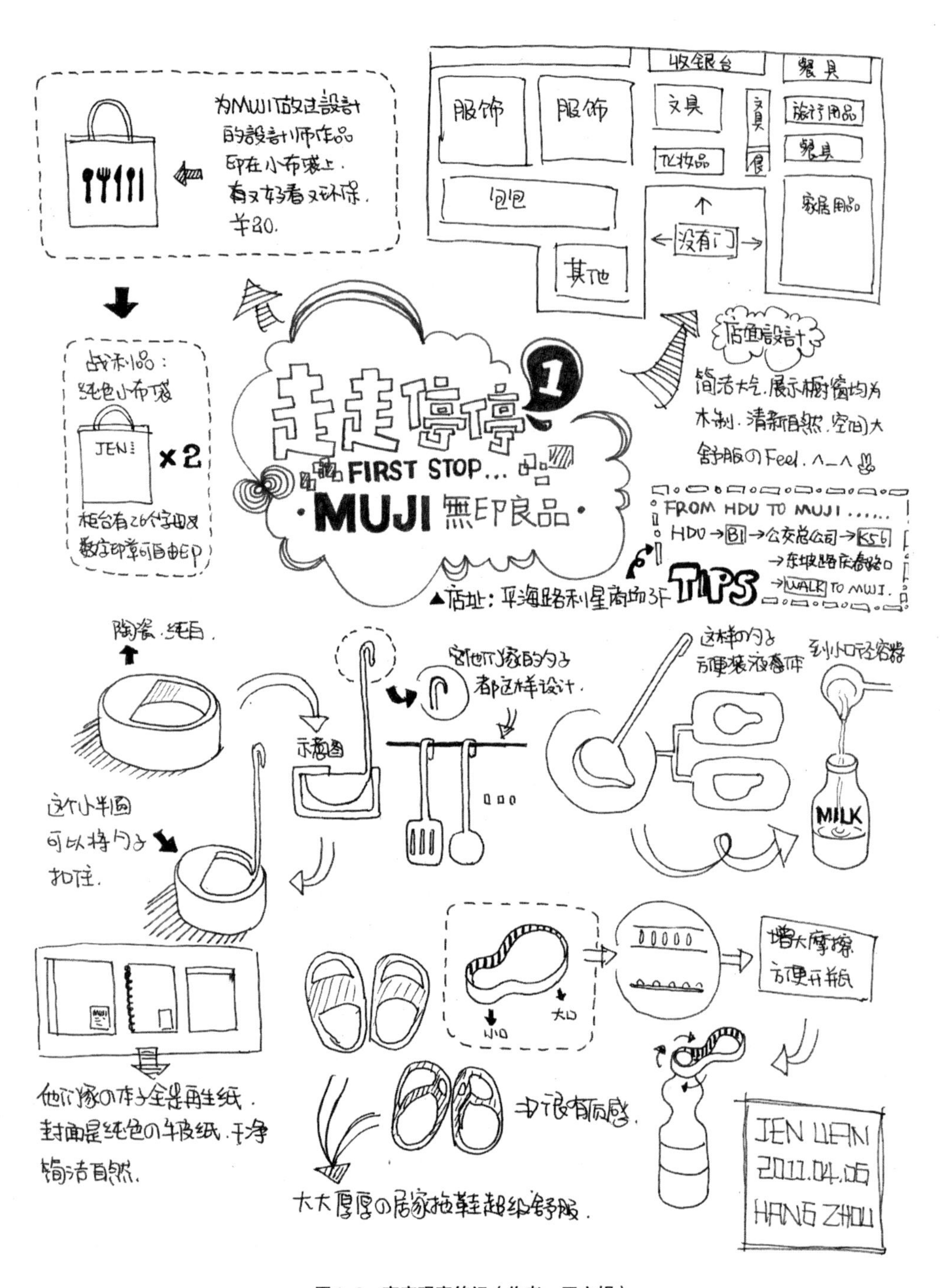

图1-9　商店观察笔记（作者：王文娟）

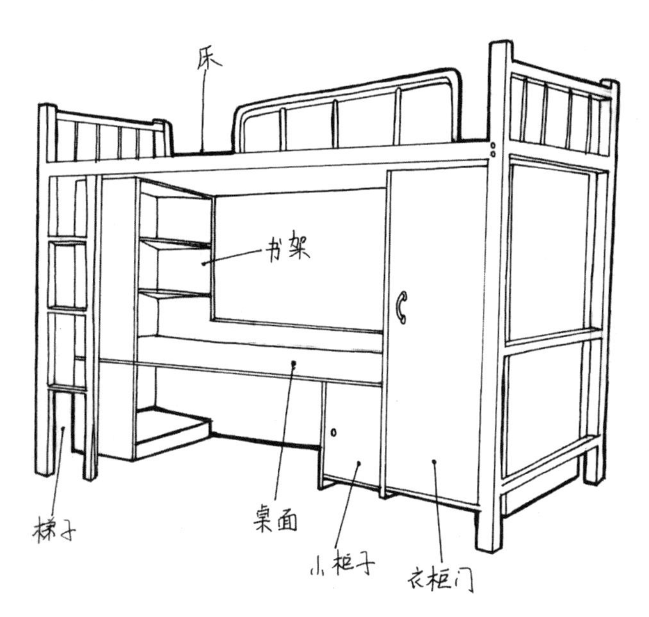

图1–10　学生宿舍组合床（作者：谢迪骁）

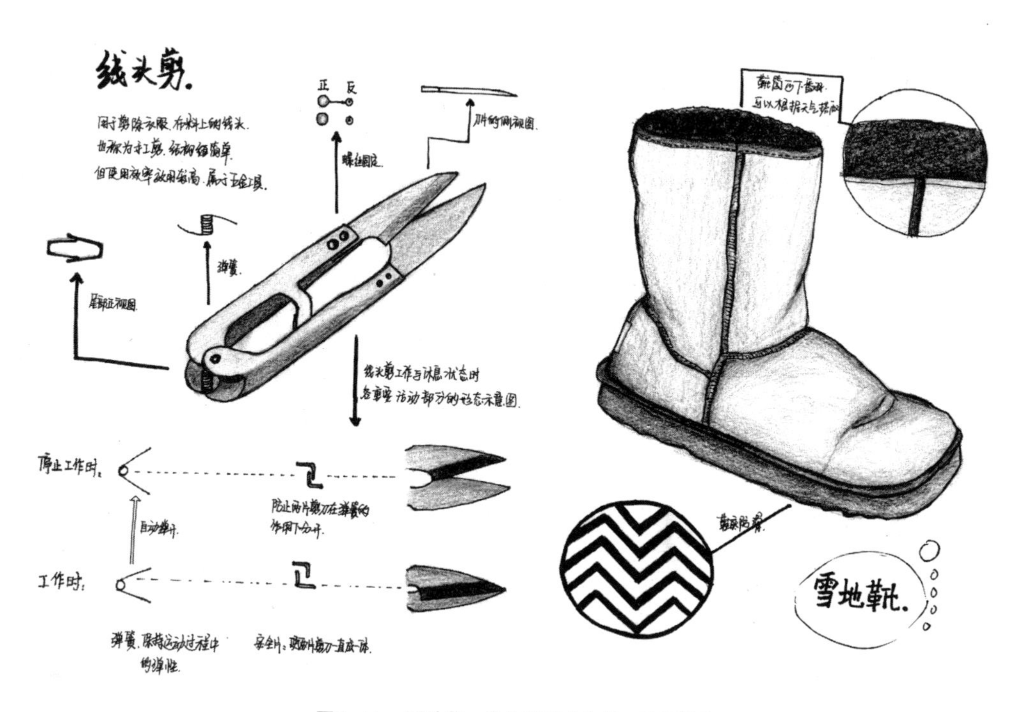

图1–11　雪地靴、线头剪刀（作者：应巧佳）

1.2 图解思考

上一节我们谈到视觉思维的概念。也许我们会认为：艺术设计人才比较擅长感性的形象思维和视觉思维，而科学技术人员则擅长理性的抽象思维。这类问题同样引起过西方学术界的争论。美国数学家雅克·阿达玛在20世纪曾对全美著名科学家们做过一个问卷调查：在各自的创造性工作中使用何种类型的思维。其调查结论是：大多数科学家的心理画面是视觉型和动觉型的。爱因斯坦的回答更具体："在人的思维机制中，书面语言或口头语言似乎不起任何作用。好像足以作为思维元素的心理存在，乃是一些符号和具有或多或少明晰程度的表象，而这些表象是能够予以'自由地'再生和组合的。对我而言，上述心理元素是视觉型的，有的是动觉的。惯用的语词或其他符号则只有在第二阶段，即当上述联想活动充分建立起来并且能够随意再生出来的时候，才有必要把它们费劲地寻找出来。"[①]爱因斯坦的回答和调查结论恰好证明了"理性的科学家"在创造性活动中的知觉思维特征。

达·芬奇是有史以来最富创造性的艺术巨匠。他生活在欧洲封建社会末期，在他的一生中，除了创作举世名作《蒙娜丽莎》和《最后的晚餐》之外，人们从他的5000幅草图的手记中发许多现代社会才有的东西：直升机、降落伞、坦克、钟表，还有采用螺旋桨推动的轮船、弹力驱动的汽车、潜水用通气管，以及不计其数、不太容易命名的发明创造。看来画家和发明家两种天赋集中在他一个人身上不是偶然的巧合。因为不管是发明创造，还是绘画设计，都要求具备视觉思维能力。

研究人员从达·芬奇手记中大量的草图、图标、符号受到启发，认定这是达·芬奇用来捕捉闪现在大脑中思维灵感的有效工具，通过反复实践和推广，发明了一种放射性思考的图解方法——思维导图。这个人就是英国心理学家、教育家东尼·伯赞（Tony Buzan，1960年）。他认为放射性思考是人类大脑的自然思考方式，每一种进入大脑的资料，不论是感觉、记忆或是想法——包括文字、数字、符号、线条、色彩、意象等，都可以成为一个思考中心，并由中心向外发散出成多条分支，每一个分支代表与中心议题的一个连接，而每一个连接又可以成为另一个议题，再向外发散出成更多分支，这些分支连接实际上记录了思维发散

---

① Hadamarm Jacquea. The psychology of invention in the mathematical field. New York：Dover Publications. 1945：142.

的过程就形成一幅“思维地图”。思维导图源自脑神经生理的学习互动模式，借助放射性思考和联想，将一个议题的众多方面彼此间产生关联和延伸，引发新的联系。其要点是：

（1）将中心议题置于中央位置，整个思维导图将围绕这个中心议题展开；

（2）围绕一个中心议题内容进行思考，画出各个分支，及时记录即时的想法；

（3）周围留有适当的空间，以便随时增加内容；

（4）整理各个分支内容，寻找它们之间的关系；

（5）善于用连线、颜色、图形、箭头等表达想法和思维的走向。

如图1–13所示，思维导图的议题是“应聘前的准备”。如果明天要去招聘公司面试，今天要作哪些准备？最好的办法就是随手在一张纸上作思维发散，分别对如何介绍自己，包括特长、技能、教育背景、家庭成员和不足等方面作思维导图，可以随时添加补充，描绘一个“真实的自己”。由于在自己的脑子里模拟了应聘面试所要回答的问题，第二天就能从容面对。如图1–16所示的议题是“面对灾难”，这种思维练习实际上是作了“未雨绸缪”、“从容面对”的心理准备。如图1–12 ~图1–16所示的思维练习，都是在教室里半小时内完成的作业。

“图解是一种将思考构造化之后，再加以注视的方法。它类似于一种经验，好比我们在视野不佳的杂草丛林中，攀登上小山丘后，视野突然变得一片辽阔。所以得先将繁琐的细节项目搁置一旁，获得本质之后，再以大胆创造的态度投入其中。”①由于每个人的思考方式不同，图解语言也会因人而异。那么，怎样评价一张图解是好还是不好呢？换个角度说，怎样提高图解的质量？图解评价体现在以下三个方面：

（1）一目了然——用图形语言表达心中的想法是对人脑思考过程的模拟，也是对大脑思维的加工过程。所以，好的图解应该是“思考的全景图”：比文字传达更直截了当、形象生动，能把握住问题的重点。

（2）有效传递信息——通过借助形象化的图形语言，以及要素的位置、方向、大小来表达关系，传达方式丰富而清晰。所以，好的图解能把复杂的东西简单化、平面的东西立体化、无形的东西形象化。

（3）表达思路生动流畅——图形语言从某种层面上是对潜意识的一种投射，用语言文字表达思想和情绪会有防御心理，而用图形语言会有意无意地把真实

① [日]久恒启一．图形思考[M].汕头：汕头大学出版社，2003：26.

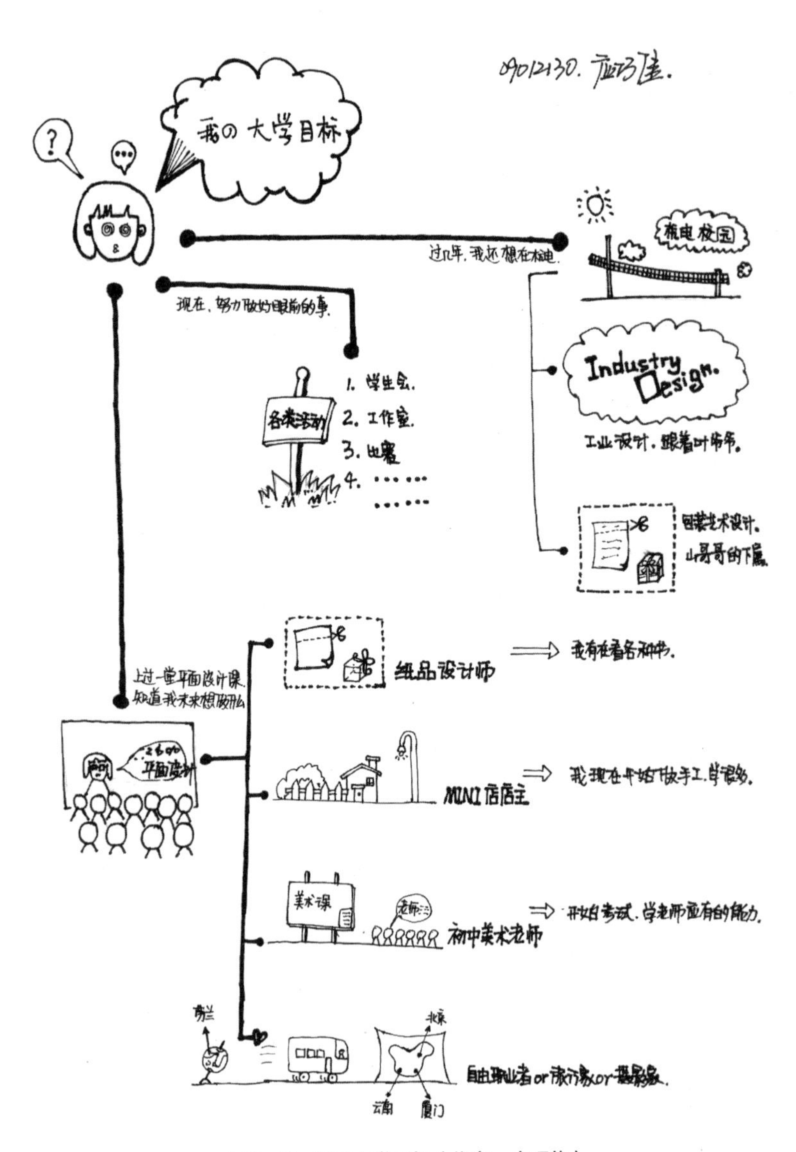

图1–12 我的大学目标（作者：应巧佳）

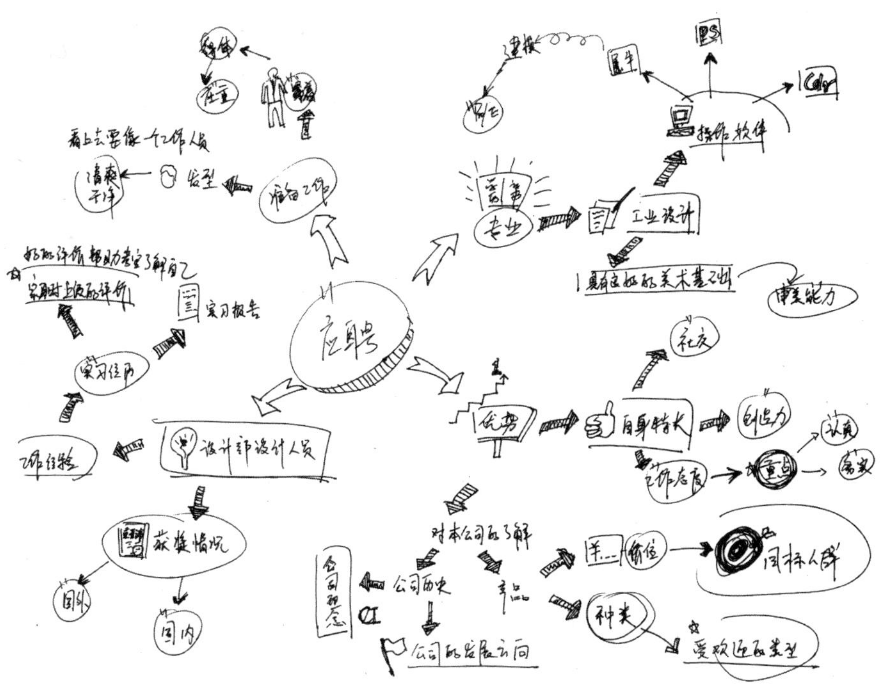

图1–13　应聘准备（作者：戎余）

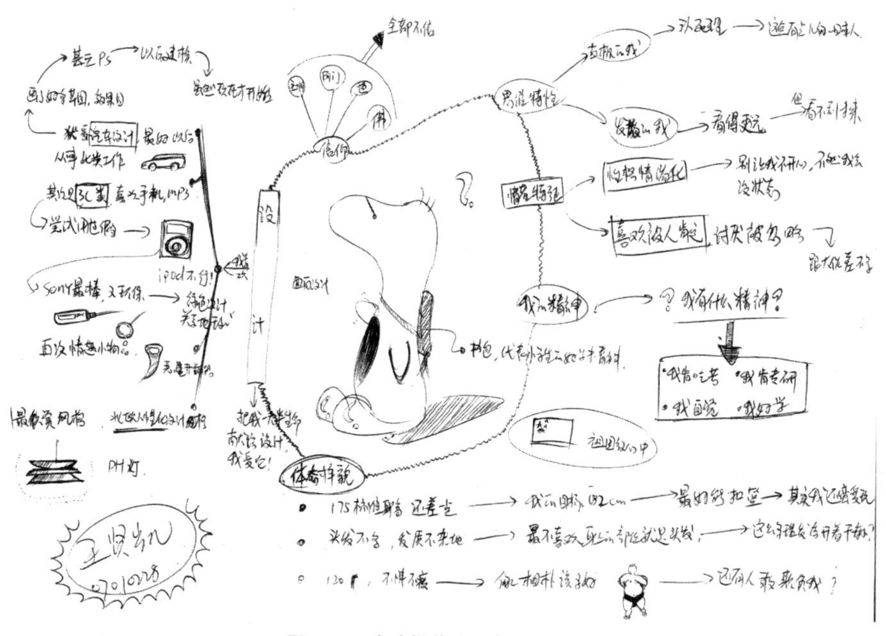

图1–14　自我推荐（作者：王贤凯）

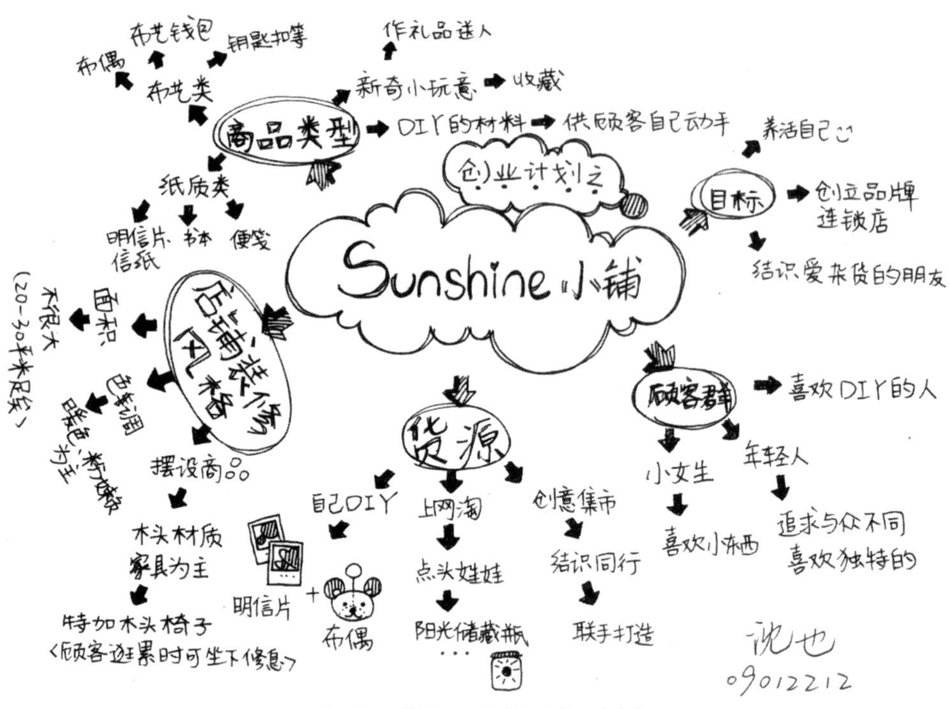

图1–15　我的阳光小铺（作者：沈也）

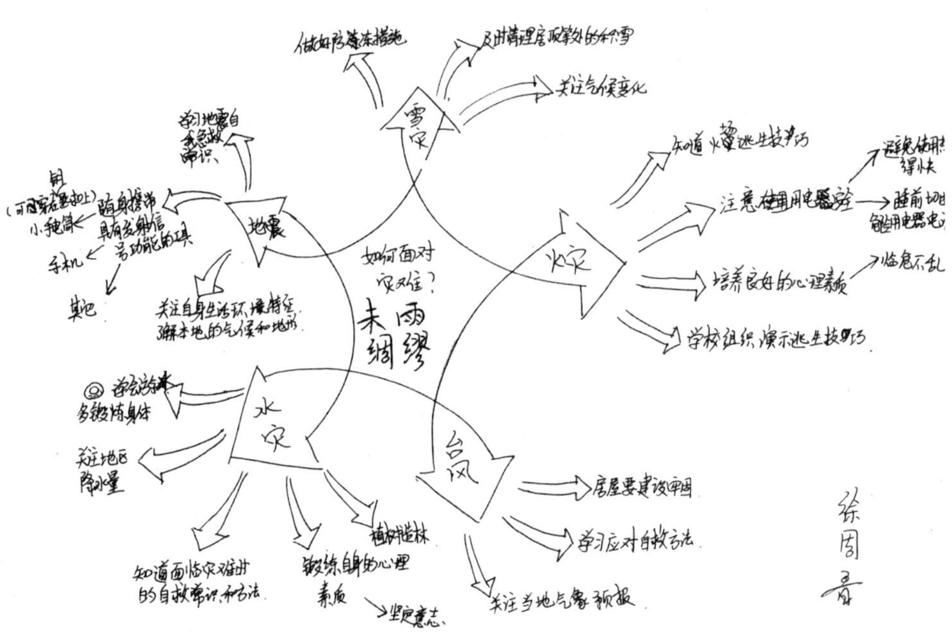

图1–16　当灾难发生时（作者：徐周音）

的自己展现出来。所以，好的图解最显著的特点就是自然流畅，而无模棱两可的东西。

练习03：根据下列题意作思维导图

要求：任选一题。要求手绘及文字说明。

（1）我的大学——确定目标

（2）明天去应聘——今天作何准备

（3）自我推荐——应聘时如何介绍自己

（4）我要创业——需具备哪些条件

（5）当灾难发生时——未雨绸缪

练习04：根据下列题意作图解思考

要求：任选一题。要求手绘及文字说明。

（1）动物飞行的原理

（2）鸟类、昆虫、蝙蝠是如何上天的

（3）鸟类、昆虫、蝙蝠翅膀的结构分析

（4）鸟类是如何起飞、降落的

（5）鸟类（动物）是如何进食的

（6）鸟的嘴型与食物的关系

（7）动物爪子与食物的关系

（8）动物牙齿与食物的关系

（9）动物是如何睡觉的

（10）动物是如何喝水的

（11）动物是如何过冬的

（12）动物的捕食动作

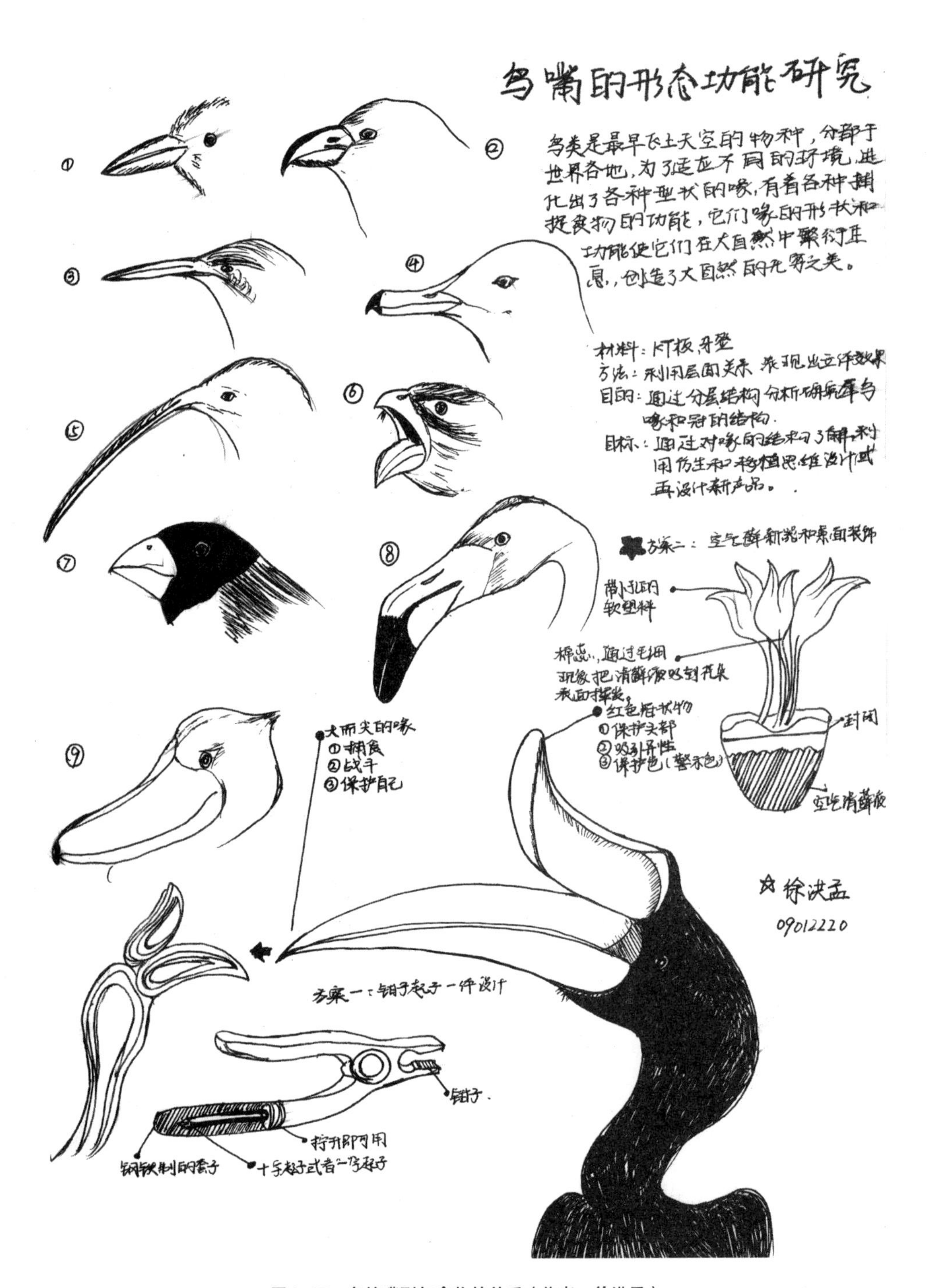

图1–17　鸟的嘴型与食物的关系（作者：徐洪孟）

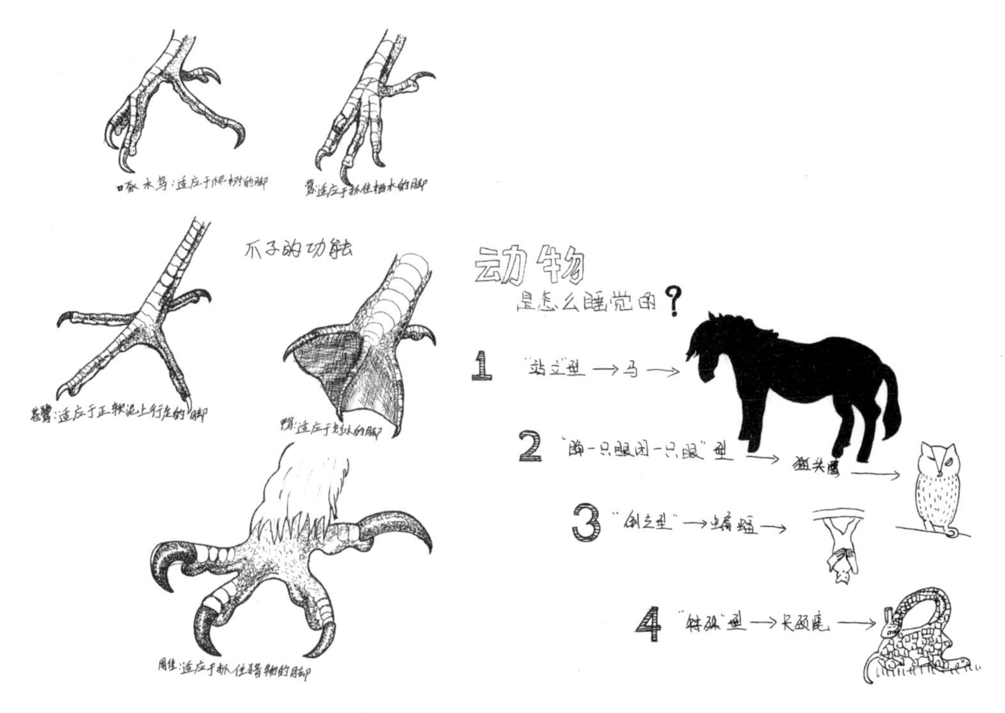

图1-18　动物的爪子（作者：童悦）

图1-19　动物是如何睡觉的（作者：褚秀敏）

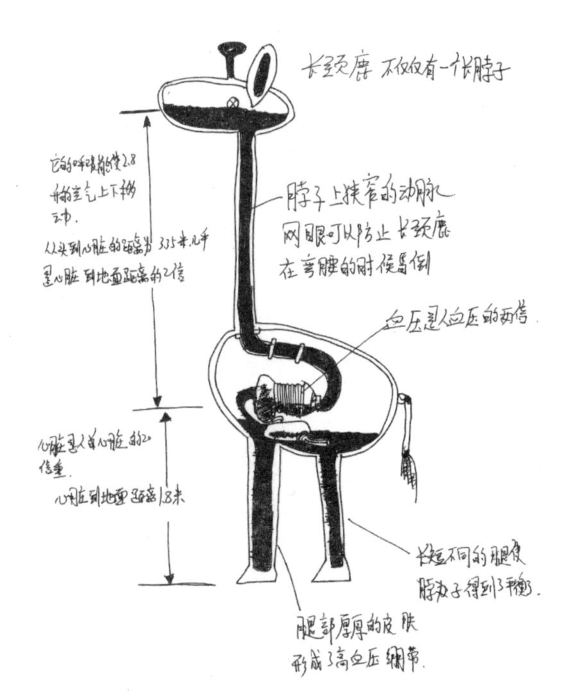

图1-20　长颈鹿的脖子（作者：杨赞）

1.3 感知能力

面对一个苹果，我们可以看到苹果的颜色、闻到清香，也会触摸到苹果光溜溜的表面，这就是“感觉”。在头脑里这些感觉的信息会被组合起来，通过唤醒以往的经验，进行综合判断后得出结论——“这是一个苹果”。这个判断的过程在心理学上被称为“知觉”。如果对某个事物已经有了知觉，再进一步加入记忆和推论等思维过程，就形成了“认知”。拿苹果来说，其特征、种类、给人的印象以及苹果的营养价值等，都属于认知的范围。感觉和知觉在心理学中称为“感知觉”。一般来说，人们通过感官获得了外部的信息都是零散的，必须经过大脑的加工，然后形成对事物整体的认识，才能形成知觉。因此，知觉是对感觉获得的信息进行综合判断的活动。正是靠着这种感知能力，我们才能够进行正常的生活。

现代脑科学研究已经证明：人脑所有区域都与感知有关，包括负责加工的额叶、负责视觉信息输入和视觉成像的枕叶、负责感官分类的顶叶、负责运动的小脑以及负责情绪反应的中脑。《艺术教育与脑的开发》一书中写道：“背侧视觉系统（传统上认为其负责定向，但现在已经认识到该系统表征对目标的编码）、腹侧视觉传统（与物体的操作和转换有关）和颞叶（对加工的语言进行储存和提取）都只是整个复杂的相互作用系统中的一部分。呼吸、肌肉控制、心情、心率和无数的决定使得我们能够进行学习。身体为思维学习制定内容。思维不再是单纯的思维，而身体也不再是孤立的身体。”[①]感知能力是通过训练手、眼的准确性、协调性和空间方位的知觉性，提高其手部动作的灵活度和实际操作能力，从而提高思维力、判断力和创造力。前苏联著名教育实践家和教育理论家瓦·阿·苏霍姆林斯基曾经说过：“手是意识的伟大培育者，又是智慧的创造者。”所以，动手制作模型和绘图一样可以提高视觉思维能力，因为肌肉感觉和视觉之间有着直接的联系，是一种非常好的提高视觉思维能力的学习方法。

模型也是立体的图解工具，优势在于通过视觉、触觉直接感受材料的特性、色彩、触感，表达内心的想法，并且可以在制作过程中利用“真材实感”进行不断地思考和修改，甚至在不经意间发现新的点子，这在科学发现中也是不乏先例的。图解思维的工具主要指概念模型——实际上是一种“立体草图”。借助易加

---

① [美]Eric Jensen. 脑科学与教育应用研究中心译 . 艺术教育与脑的开发 [M]. 北京：轻工业出版社 .2005：91.

工、成型快的材料，方便反复拆装、修改，构成简单的形体，帮助构思者在体量、构造、材质、空间尺度等方面提供直观判断。所用的材料通常是纸张、木材、发泡塑料、橡皮泥等，这些材料不需要复杂的机器加工，特别适合学生在学校现有的条件下进行视觉思维训练。此外，还可以利用乒乓球、饮料瓶、吸管、肥皂等现成品作为模型构件，运用得当会产生意想不到的效果。寻找这些材料也是视觉思考的过程，从某种意义上讲是训练对材料的感知能力。

阿恩海姆在《视觉思维》一书中特别提到与创造性思维密切相关的“意象”（image），他认为“意象”不是传统观念上对客观事物完整机械地复制，而是对事物总体特征积极主动的把握。譬如，看到一辆小汽车，但不清楚它是商务车、旅行车还是跑车；看到一张纸币，但不清楚是哪国的币种；看到一个人，但说不清是本国人还是外国人。这是一种既具体又抽象的意象，同时也是自相矛盾的模糊意象。这种视觉意象不仅直接来源于对象本身，也可以由某些抽象概念间接传达。例如，说到高大威猛，心目中便会现出一个昂首挺胸、气壮如牛的形象；一条蛇被简化为S型曲线；一棵树则用简洁的几何形来呈现。所以说，意象是一种既具体又抽象、既清晰又模糊、既完整又不完整的形象。说到底，这是一种代表事物之间本质或代表着某种内在情感表现的“力”的图示。由于它的动力性质，其本身的运动“逻辑”，变成了创造性思维活动中的推动力。练习05要求同学们在收集生物资料的基础上，设计制作一个生物意象模型。注意！这里的模型不是生物标本，要求对资料进行充分研究和提炼后，对生物在抓、握、叼、咬、逃跑、追踪、注视、瞭望、惊恐、翱翔等状态的进行捕捉。并应用适当的材料作出表达（图1-21 ~图1-26）。

练习05：生物意象

要求：根据视觉笔记的形象资料制作一个生物意象的模型。抽象表达生物的某种特征或状态（抓、握、叼、咬、逃跑、追踪、注视、瞭望、惊恐、翱翔等）；制作模型一件，材料不限；设计版面：内容包括生物原型图、模型照片及说明文字。

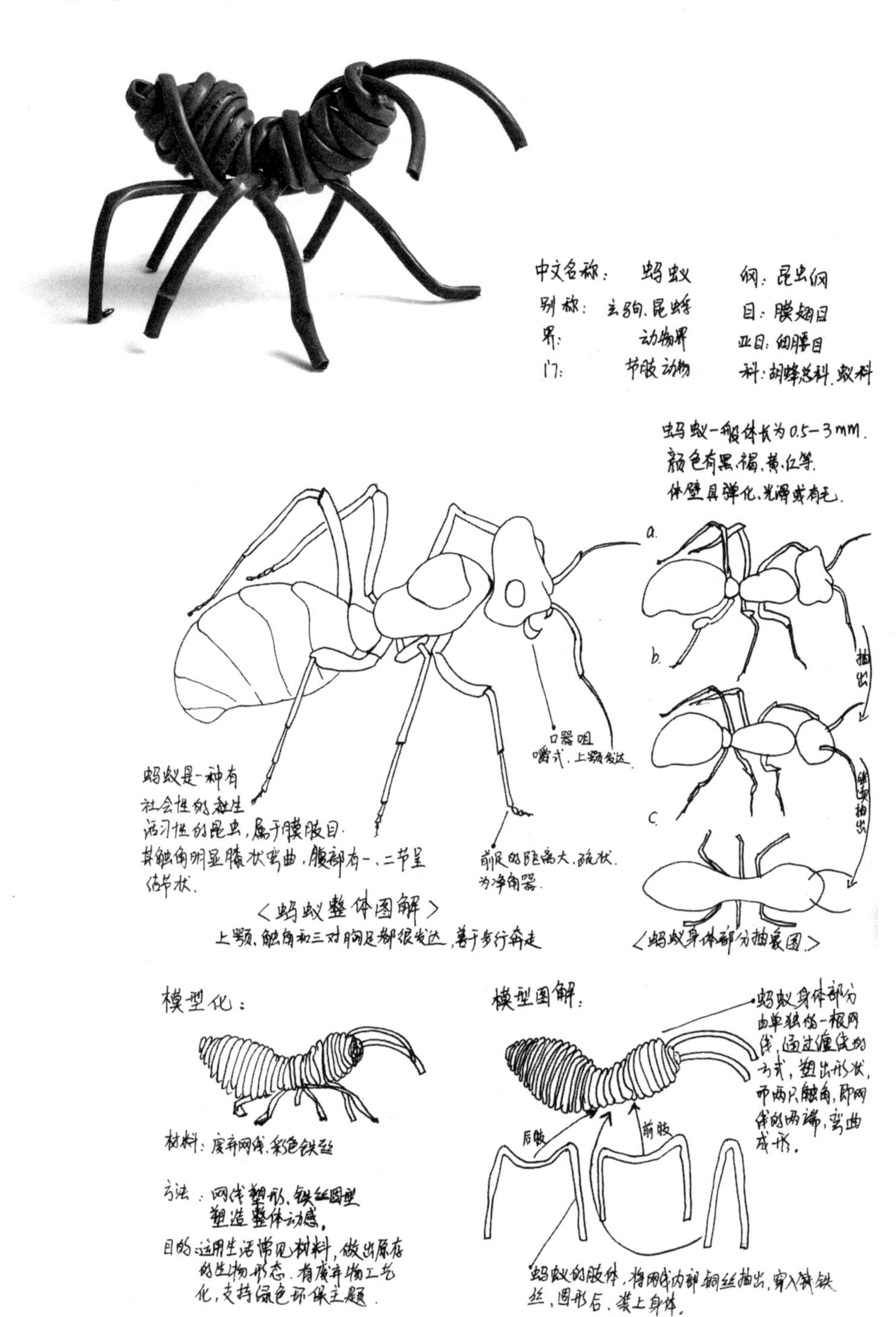

图1–21 蚂蚁意象（材料：电话线；设计：江颖超）

图1–22　龙宫翁戎螺意象（材料：模型板；设计：王文娟）

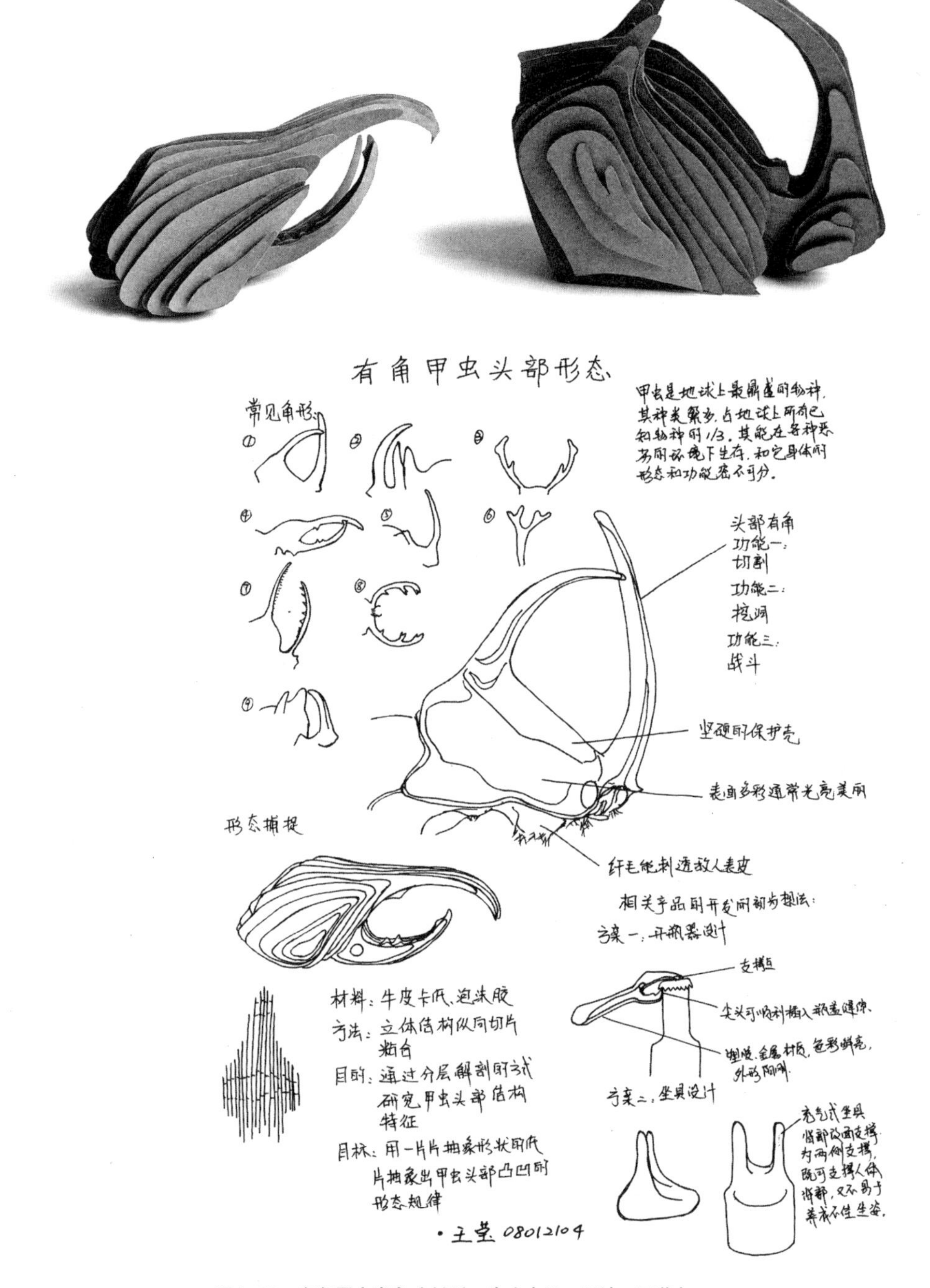

图1–23　有角甲虫意象（材料：牛皮卡纸；设计：王莹）

图1-24　生物意象1
(a)黑天鹅意象(材料：细瓦楞纸；设计：沈也)；
(b)独角仙意象(材料：卡纸；设计：杨百红)；
(c)老鹰意象(材料：卡纸 、吸管；设计：赵彤丹)；
(d)蜻蜓意象(材料 包装瓦楞纸、螺丝；设计：朱娜莉)；
(e)螳螂意象(材料：卡纸；设计：杨滨)

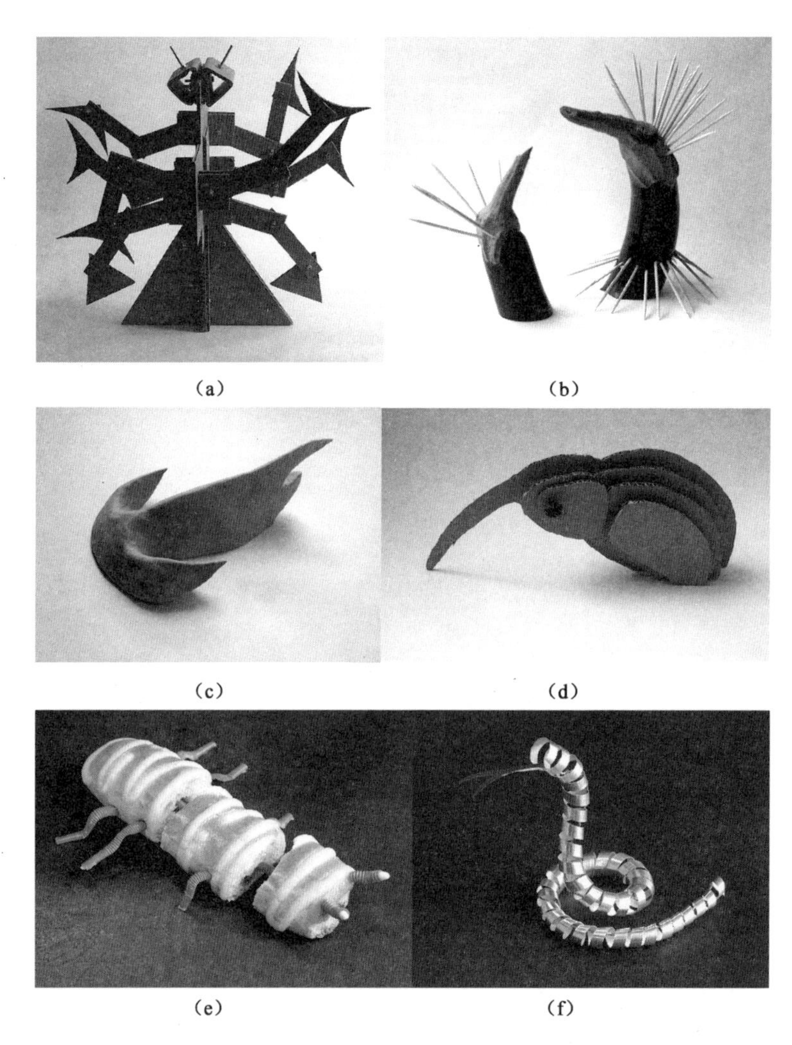

图1–25 生物意象2
（a）蜘蛛意象（材料：瓦楞纸；设计：钱春源）；
（b）东非冕鹤意象（材料：茄子、牙签；设计：林志者）；
（c）锤头鲨意象（材料：橡皮泥；设计：谢迪骁）；
（d）槲果坚果象甲意象（材料：瓦楞纸；设计：王红丹）；
（e）蚂蚁意象（材料：面包、吸管；设计：吴晓霞）；
（f）蛇意象（材料：金属丝；设计：邓森）

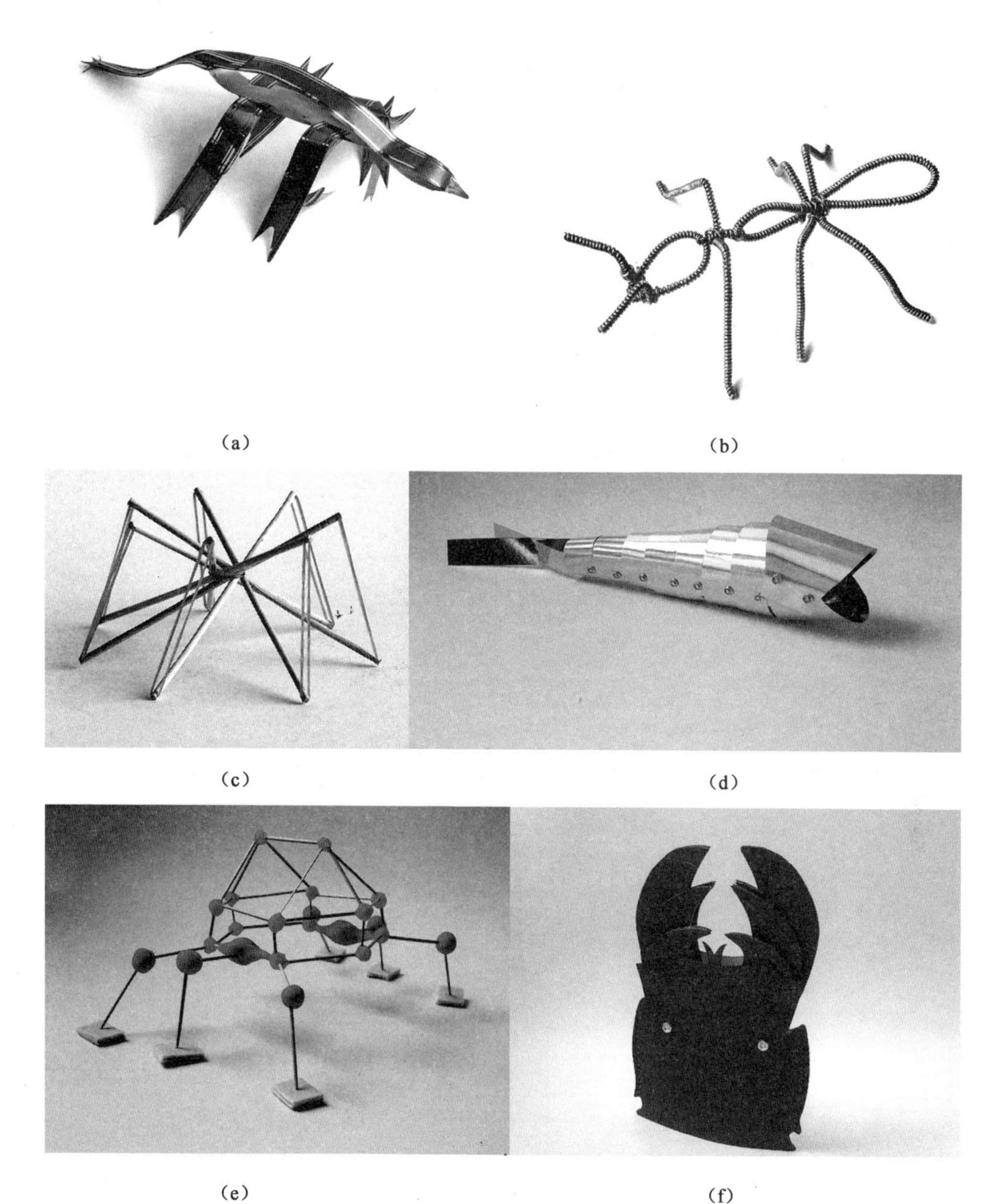

(a)　(b)　(c)　(d)　(e)　(f)

图1-26　生物意象3
(a)蜥蜴意象(材料：包装带；设计：胡劲伟)；
(b)蚂蚁意象(材料：金属弹簧；设计：黄兴辉)；
(c)螃蟹意象(材料：橡皮筋、竹筷；设计：龚丽娟)；
(d)鳙鱼意象(材料：卡纸、金属纽扣；设计：王文婕)；
(e)蜜蜂意象(材料：KT板、橡皮泥；设计：张剑辉)；
(f)双叉犀金龟意象(材料：卡纸、螺钉、螺帽；设计：周林颖)

第2章
概念思考

（1）教学内容：概念思考的原理和概念提取的方法。

（2）教学目的：1）学会从概念生成的源头导向解决问题的目标；
2）学会提取概念，并找到合适的概念层次，并能强化和挑战概念；
3）学会完整记录思考过程中的成果。

（3）教学方式：1）基础理论知识讲授和课堂训练；
2）以多媒体演示教学。

（4）教学要求：1）了解概念思维的理论，能灵活运用概念，掌握概念提取的方法，提高思维的灵活度；
2）作为积极的引导者，教师要促使学生独立判断和思考；
3）学生要利用大量课外时间去图书馆、上网搜寻案例资料。

（5）作业评价：1）清新的逻辑思维能力和灵活的变通能力；
2）能体现思考过程，并能清晰地表达。

（6）阅读书目：1）[美]S·阿瑞提.创造的秘密[M].沈阳：辽宁人民出版社，1987.
2）冯崇裕、卢蔡月娥、[印]玛玛塔·拉奥.创意工具[M].上海：上海人民出版社，2010.
3）[日]宫宇地一彦.建筑设计的构思方法[M].北京：中国建筑工业出版社，2006.

2.1　概念

所谓“概念”，是反映对象本质属性的思维方式，它包含了一个等级中的每个成员共同具有的属性。比如，“椅子”的概念适用于所有椅子的一种观念。事物和属性是不可分离的，属性都是属于一定事物的属性，事物都是具有某些属性的事物。脱离具体事物的属性是不存在的，没有任何属性的事物也是不存在的。

概念不仅涉及“是什么”，还涉及“可能性”。举一个大家都知道的例子，早期的计算机需要用二进制编码形式写程序，这种形式既耗时又容易出错，更不符合人们的习惯，大大地限制了计算机的广泛应用。直到20个世纪70年代末，“窗口”、“菜单”等概念引入计算机用户界面设计，才启动了个人计算机的蓬勃发展。“窗口”、“菜单”和“计算机操作”在这以前是风马牛不相及的概念，正是通过概念重组形成新概念，这是“概念设计”的典范。所以说，涉及可能性的概念可以使想象超出现实世界，并激励人们去接近理想，人类最伟大的心理成果都是通过概念产生的。

在设计过程中会面临各种判断，最初的判断会在很大程度上影响最终的结果。判断的过程就是将现有概念重新组合，形成新概念的过程。用概念思考就是由概念形成命题，由命题进行推理和论证，这是逻辑思维的重要特征。但是，我们面对的是“有秩序”、“规范化”的现实世界，由人类自己产生的概念，一方面使我们得以“井然有序”地生活，另一方面也束缚着人的思想，使已有的概念固定在相对应的事物上，所谓创意在很大程度上就是打破这种秩序，重新找出事物之间的“潜在相似”之处。面对纷乱的信息及不同事物，找到其中的相同点就要运用概念思维，在看似不同的事物上找出相同的特征。我们不妨尝试一下，能否从下列三组词汇之间找出相同的特征？

（1）麻雀和松树；

（2）鸡蛋和香蕉；

（3）省长和杂技演员。

麻雀与松树在外形尺寸上的巨大差别混淆了这样的事实：即它们都是生物体。一般说来，人们在发现第一个相似点之后就不再继续寻找其他相似之处了。

鸡蛋和香蕉都是可以吃的食物，因此就隐藏了它们之间不够明显的共同点：它们都被大自然很容易地包裹起来。

省长与杂技演员之间有什么共同点呢？他们都是有工作的人。我们思想中的自然趋势是注重差异，因此也就封闭了找寻共同点的能力。而这样的共同点其实正是概念。

概念形成的一般方式是：通过收集材料，找出材料之间的联系。这种联系常常是建立在空间或时间上的相互接近的基础上。所有必须要汇集在一起的这些属性构成为一个概念。比如说：

（1）一个群体；

（2）被婚姻、血缘的纽带联合起来；

（3）以父母、兄弟姐妹的社会身份相互作用和交往；

（4）创造一个共同的文化。

这些属性组成了“家庭”的概念。人们从旧的概念里发现或增加新的属性，就会继续不断地构成新的概念。

概念形成的另一种方式与前一种方法相反：主观意识到可以省略某些属性从而构成只包含某些基本属性的另一等级。比如，以前在一般人的概念中没有“家用电器”作为一个等级来称呼的名字，只有电风扇、冰箱、洗衣机的具体名称。后来人们才把这类属于共同属性特征的用品统称为“家电”这一概念。这个概念适用于所有包含这些属性的家电产品，其成员是：

（1）家用的；

（2）电器；

（3）电子产品。

美国心理学家阿瑞提在《创造的秘密》一书中指出：“a.概念给我们提供了一种或多或少的完整描述；b.概念使我们可以去进行组织，因力各个不同的属性或组成部分表现出了一种合乎逻辑的内在联系；c.概念使我们能够进行预言，因为我们能推论一个概念当中的任何成员所发生的情况。随着时间进展，概念就越来越成了我们高水平的心理结构。”① 比如，“家庭”的概念随着时代的发展不断地有“新概念”产生。如“丁克”，亦即DINK，是英语Double incomes no kids的缩写，直译过来就是有双份的收入而没有孩子的家庭。“丁克族”的概念：比较好的学历背景；消费能力强，不用存钱给儿女；很少用厨房，不和柴米油盐打交道；经常外出度假；收入高于平均水平。如果在房地产开发中加入了这个概念，就成了“丁克房产”。只要在房产广告上打上这个概念，人们就一下子就清楚了这种房型的特点，譬如说厨房小、客厅大等。

在日常生活中，我们要养成对所见所闻保持兴趣的习惯，并把注意力集中在有

---

① [美]西尔瓦诺·阿瑞提.创造的秘密[M].辽宁：辽宁人民出版社.1987：113.

趣的概念上，这些概念就是那些看似不同的事物上所体现出的共同点。特别要记住在不同的场合看到相同概念。从不同领域里识别出概念，增强运用概念进行设计思考的能力。譬如，应对“时间”的概念，往往用“钟表”来衡量，人们在技术和形式上一直为描述精确的时间概念而不断创新。但是，右边的计时器方案却和“精确”一词少有关系，而是从概念上挖掘富有哲理的内涵，包括时光概念。

图2–1　时间片段

如图2–1所示，作者在概念思考时提出究竟什么才是时间的确切含义？ 12个片断？ 12种行为？ 12种情感？ 12种体验？ 12个值得怀念的记忆还是12个已经逝去的时刻？作者决定设计一种衡量逝去时刻的感应式装置，引发人们对闲置时间的重视。它看上去像个蚊香，每一块单色的区间象征一段时间，提醒人们抓紧时间，每做一件事都有自己的时间，每个错过的区间就意味着所错过的机会。如图2–2所示是一个名为“杯中的时间”的沙漏计时器，它以一种别具一格的方式计算时间。每当人们把瓶子颠倒后，都会由衷地感到里面的物质在下泄的同时，时间也随之流逝。抽象的时间仅被使用它的人去理解：煮熟一个鸡蛋用两分钟的盐；沏好一

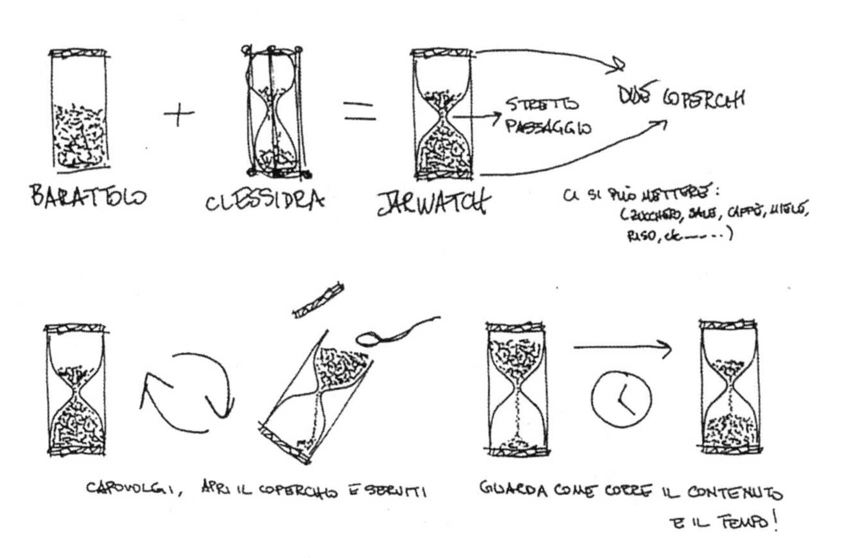

图2–2　杯中的时间

壶茶用三分钟的砂糖；接听一个电话要用五分钟的咖啡豆……瓶子的两端都有开口，打开盖子人们就可以拿到里面的东西。只需拿一套盛香料的容器或者是一些和蜂蜜、果酱一样黏稠的食品，这个时间容器可以装人们喜欢的任何东西。

2.2 概念提取

从前面的例子可以看出概念设计的含义。设计者由概念形成命题，再由命题进入设计思维。而不同的人在同一事物中可以看出不同的概念，提取清晰可见的概念是关键，也是创意设计的重要手段之一。

当我们对某一事物提取概念时，可以有意识地改进和强化概念，去除错误的和含糊不清的，提炼出具有特质的东西。明确了概念的内涵、外延和价值后，就可以根据需要试着去改变和挑战概念。

譬如在提取“快餐店”的概念时，不妨先提出这样的问题：

——区别于一般意义的餐饮店，快餐店存在什么样的概念？

——快餐店本身体现了什么概念？

接着就会出现这些所谓“快餐概念”——“快速就餐”、“便宜”、“标准化的品质和价格”、“儿童过生日的场所”等。当然还可以根据个人独特的视角提出更多的概念，如“儿童食品”等。

接下来就可以挑战这些概念：

先挑战“快速”的概念——在为那些有需要的顾客保持“快速就餐”的同时，可以让其他顾客停留更长的时间，以便消费更多的食物和饮料，以增加更多的利润。

再挑战“便宜”的概念——“便宜”如今已经受到快餐业的普遍挑战，有些快餐店的食物也很贵，甚至有海鲜、珍禽，以及不便宜的特色食品。

由此看出，概念就像是十字路口，站在中间来选择路径。这就是为什么概念可以作为一个观察点来创造备选方案的原因。其要点：

（1）观察一个事物时，可以透过现象观察其中蕴含的概念，甚至存在好几个不同层次的概念；

（2）不必陷入对不同层次概念的判断之中，只需找出各种可能的概念，然后提取看上去最有价值的概念；

（3）概念有一般的、非具体的和模糊的特点。提取得太具体，反而限制了概念的有用性；

（4）要找到最有用的概念层次，只需凭借感觉，通过“上下扩展”对所选择的概念进行多次的定义来寻找最为合适的描述。

如图2–3所示，对“快餐店”提取的概念层次。通过对概念的上下扩展，可以找到处在某个有用的概念层次上。虽然概念有多层次性，通过搜寻各种可能性，提取看上去最有用的那一个。

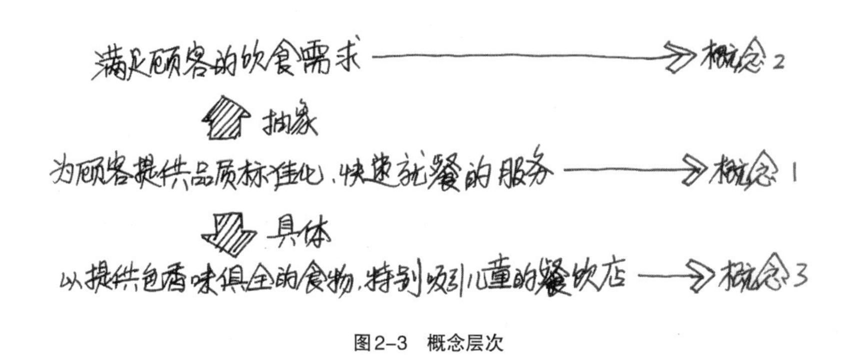

图2–3　概念层次

我们不妨再对“快餐”进行概念思考。众所周知，洋快餐在中国大陆已经呈现独霸天下之势，国内餐饮界在近二十年内相继出现过几十家各种名目的品牌快餐店，对于快餐的概念诸如“快速就餐”、“便宜”、“标准化的品质和价格”，国内企业基本能做到，但还是难敌洋快餐。究其何因？有人分析说我们只学了些表面的东西，深层次的如“管理理念”还是不得要领。除此之外，洋快餐的一个特点就是尽全力迎合儿童。这一点在做概念层次分析时就提到了“特别吸引儿童的餐饮店”的概念。仔细观察洋快餐的食品，几乎都是让儿童一看就喜欢，就想要。从外观、颜色到味道，都在吸引着小孩，大多数儿童一看到那样的食物就迈不动腿了，尽管家长想把孩子拉走，最终却成了徒劳之举。虽然有媒体指责其为垃圾食品，但是儿童不看成人世界里的文章，视觉和味觉给他们提出的是直接的需求。

儿童喜欢的东西和成年人是完全不一样的。打开电视机，成年人感动得直落泪，儿童无动于衷；让儿童感动的东西，家长们早就感动过了。近年来，中国菜品享誉全世界，但不一定得到全世界儿童的认可，无论是宫爆鸡丁，还是清蒸鲈鱼，都是成人世界里的最爱，但却不是儿童食品。快餐店里的食品既区别于零食，又能吃饱肚子，而且让儿童看到那个颜色，闻到那个香味，立刻就能喜欢上。至于家长是否喜欢并不重要，目标客户就是儿童。洋快餐吸引儿童的另一招就是就餐环境，装修得像儿童乐园，小孩子一看到里面，有吃又有玩就想进去，甚至还可以在里面开生日聚会。

当然，快餐的概念就是“快”。洋快餐的标准化配料、标准化操作保证了能够快。虽然是儿童食品，成人并不一定太爱吃，但是，在市场经济的环境下人们工作紧张，吃饭也成了需要快速解决的问题。洋快餐的操作程序、服务态度和就餐环境让人产生信赖感。虽然是儿童食品，也就成了白领阶层不错的选择。

从这个案例中可以看出，提取的功能性概念对创造性思考更有意义。功能性概念可分为目的概念、原理概念和价值概念。还是以快餐为例：

（1）快餐的目的概念——可以满足人们快速用餐的需求；

（2）快餐的原理概念——通过标准化的配料、操作和管理，保证了食物品质和及时供应；

（3）快餐的价值概念——可以在较短时间内解决用餐问题。

三种基本概念类型扩展了多方位思考的空间，但不是目的，也不是在寻找“正确的”概念，而是通过尝试不同的概念描述，找到有价值的备选方案。

练习06：从下列事例中提取新概念

提示：概念提取不是名词解释；提取的概念既不能太具体，也不能太笼统；将提取的概念向下具体一点产生一个新概念，向上抽象一点再产生一个新概念；反复比较三个概念，找出一个最合适的；并对这些概念做强化和挑战的尝试。

（1）SOHO人群；

（2）苹果iPad；

（3）品牌连锁店；

（4）网络购物；

（5）语音手机；

（6）鸳鸯火锅；

（7）转基因食品；

（8）官产学研合作。

2.3 非文字思考

本章提到，概念包含了一个等级中的每个成员共同具有的属性。比如，当看到“凳子”两个字时，我们立即会产生通常意义上的坐具：一个凳面由四条落地的腿支起，可以支撑人体重量等。因此，凳子的概念已经被凝固在某种样式上。

那么，四脚朝天的还能算是凳子吗？受固有的“凳子”概念的影响，大多数人可能很难认同。

换个话题提问：战争的对立面是什么？我们会不假思索地回答：“和平”。作为一个词汇，和平只是一个抽象名词，或者说是一种概念。含义十分明确：没有战争。其实没有战争的状态和内容是很多、很丰富的，只是“和平”的文字表述限制了我们的思维进行更广泛的联想。

我们可以换一种方式，开启对影视画面的回忆，用图像来描述：战争的具体场景可以描述为是一群人进入到敌对阵营进行破坏性活动：杀戮和伤害那里的人，掠夺和破坏那里的财产等。那么，战争的对立面可以描述为：一群人到友好的地区去进行建设性活动：帮助那里的人修筑公路、铁路，修建房子和水利灌溉；大批技术、医务人员到受灾地区进行灾后重建、救死扶伤的活动；艺术家、演艺人员、运动员到友好国家进行文化传播、友好竞赛活动等。战争的对立面可以演绎出很多场面，而“和平”很容易被理解成一种抽象的状态。其实，人们正常的工作学习、恋爱生活、旅游度假等状态都是“和平”的状态——也就是战争的对立面。

我们会发现，同样一个问题，如果用文字回答可能只有一两个答案；而通过图形图像的想象，不同的人会有各不相同的答案。如图2-4 ~图2-8所示，从同学们所作的练习中可以看出，在面对“郁闷”、“麻烦”、“痛苦”这些概念时，每个人所指向的内容是具体的，也是各不相同的。面对生活中的具体问题，有些是可以用文字来表达的，而有些就很难用确切的文字来描述。

在创新设计中，不要因为一个想法缺少一个名字或明确的词汇，就认为这个想法没有价值。相反，往往一个新事物会衍生出许多新的词汇、从而形成新的概念。前面提到过的微型计算机的“视窗”、“菜单”概念的产生就是最好的例子。当然，用非文字思考并不一定好于文字思考，这种方法仅仅是有助于产生不同概念的可能性。寻找尽可能多的可能性是创造性思维的重要特征。

再回到本节最初提出的问题：四脚朝天的还是凳子吗？不妨动手画一画，也许就能产生创新凳子的点子。练习07 ~练习11是运用非文字思考才能解决的问题。

练习07：根据下列题意作图解思考

（1）图解痛苦的对立面是什么？

（2）图解仇恨的对立面是什么？

（3）图解郁闷的对立面是什么？

（4）图解麻烦的对立面是什么？

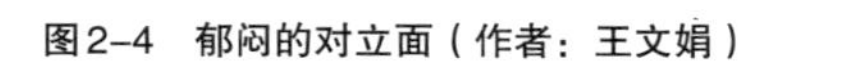
图2-4　郁闷的对立面（作者：王文娟）

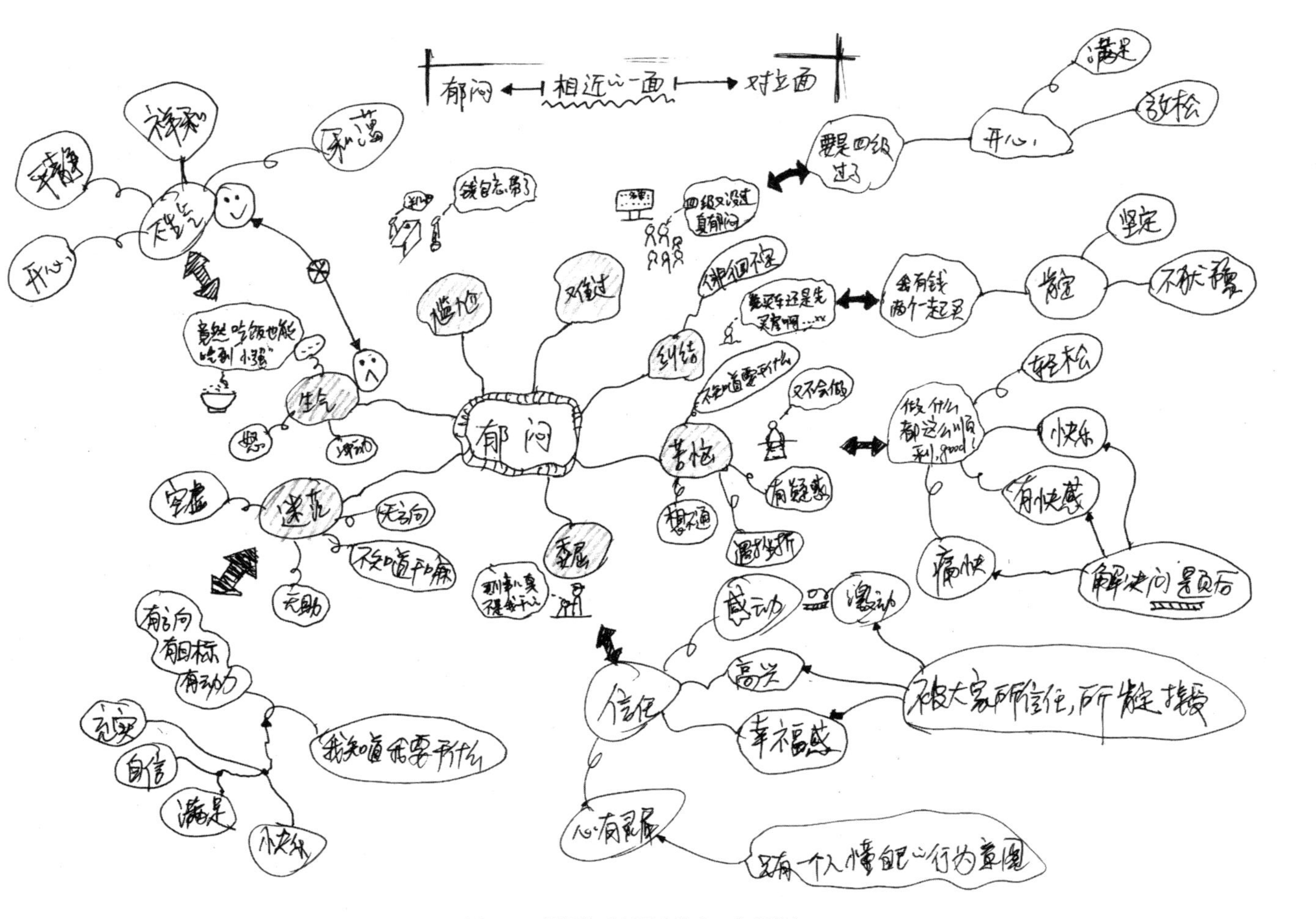

图2-5　郁闷的对立面（作者：余龙海）

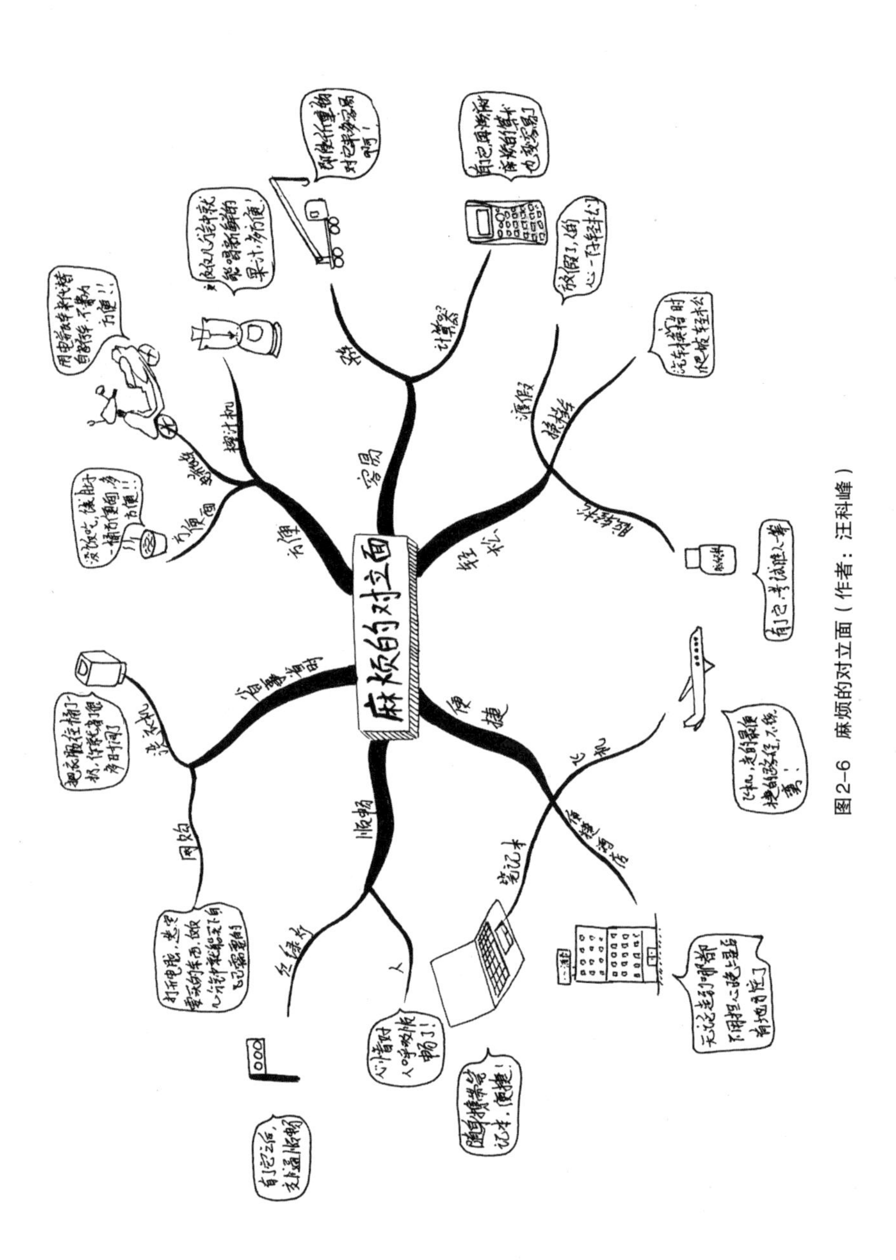

图2-6 麻烦的对立面（作者：汪科峰）

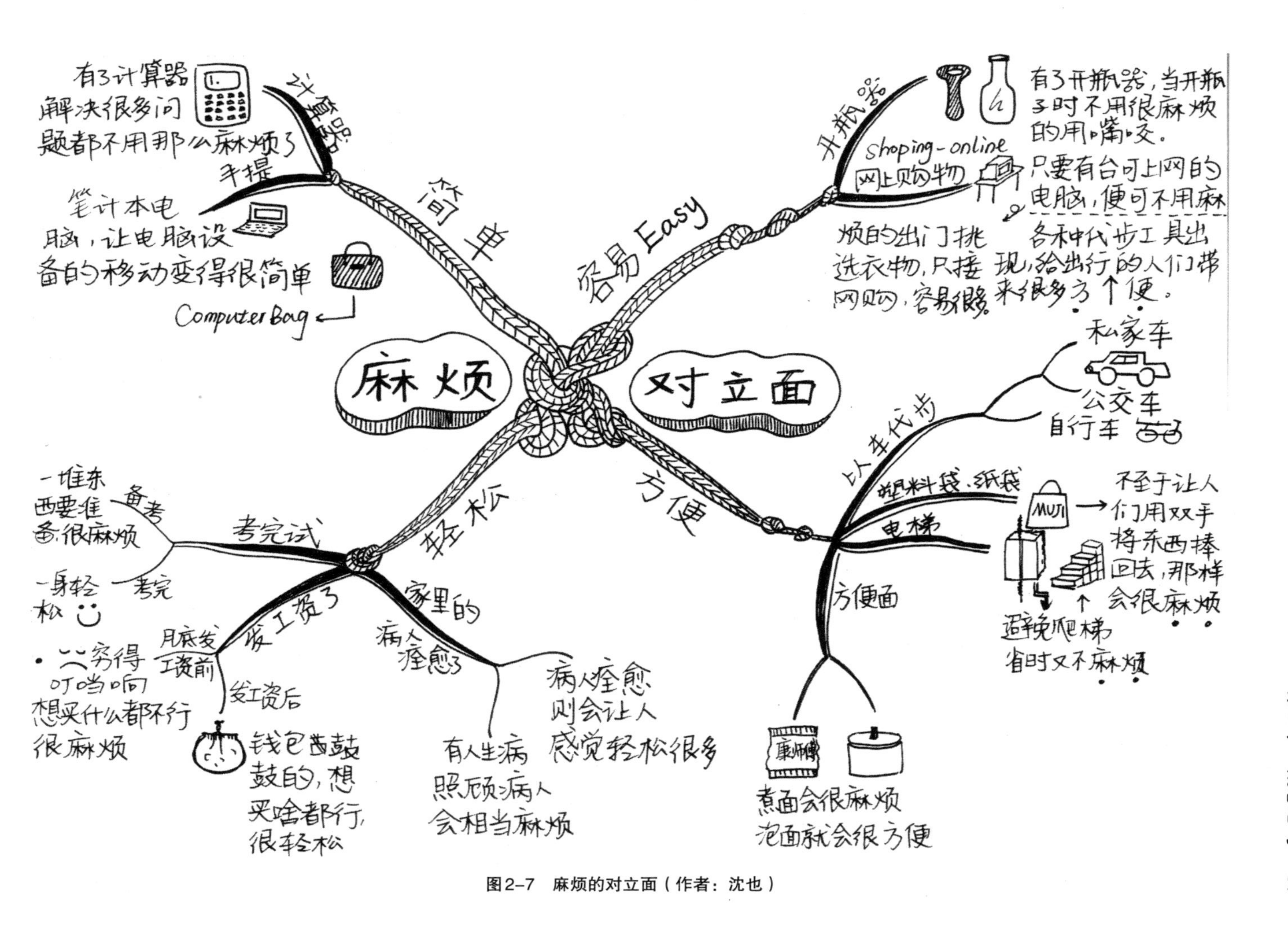

图2-7　麻烦的对立面（作者：沈也）

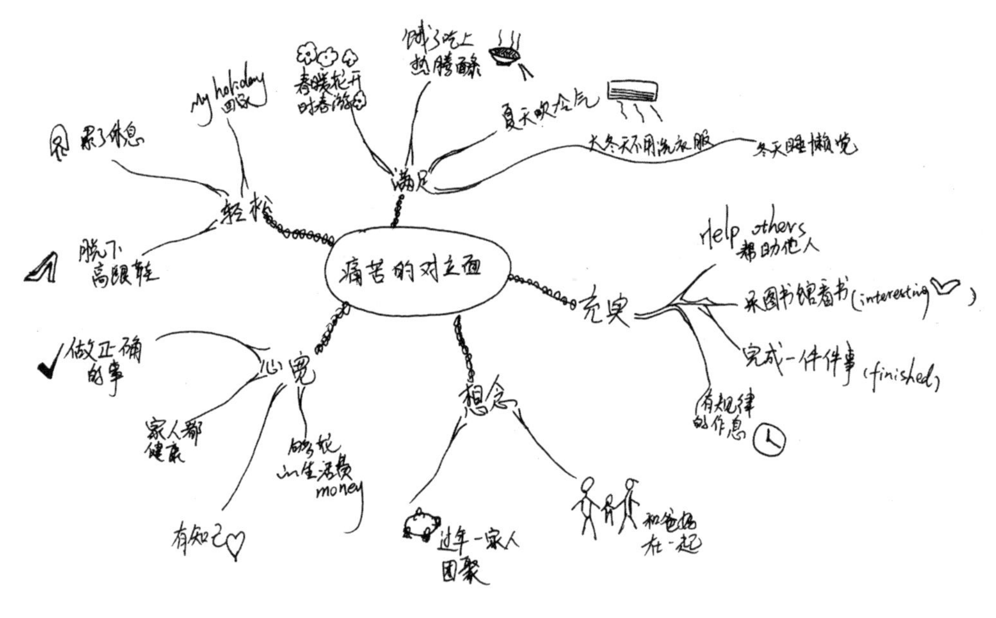

图2-8　痛苦的对立面（作者：江颖超）

练习08：请将图2-9中的虚线剪开，判断这个图形是否与麦比乌斯圈拓扑等价

提示：拓扑学主要研究几何图形在连续变形下保持不变的性质。在拓扑学里不讨论两个图形全等的概念，而讨论拓扑等价的概念。比如，尽管圆和方形、三角形的形状、大小不同，在拓扑的变换下，它们都是等价图形。换句话讲，从拓扑学的角度看，它们是完全一样的。请大家剪开试试。[①]

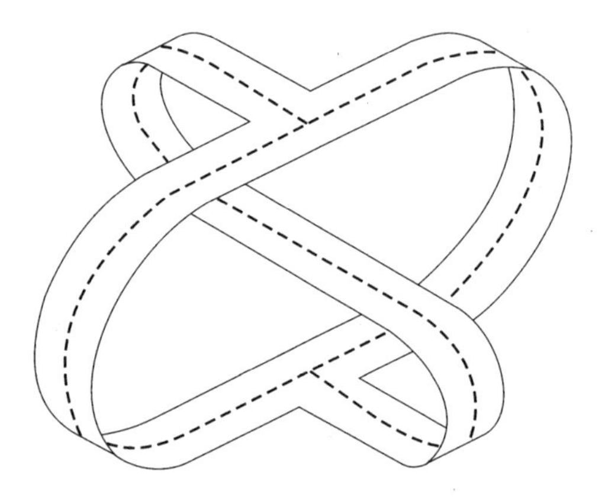

图2-9　这个图形是否与麦比乌斯圈拓扑等价？

① 这个图形剪开之后得到的是1个正方形的圈，这个圈有2个面，2条边界线，没有螺旋。也就是说，这个图形与麦比乌斯圈不是拓扑等价的，与麦比乌斯圈剪开后得到的图形不一样。

练习09：如图2–10所示，在皮带传送作业机上皮带被安上3个方向的轴上（最上边的是主动轮）。请问这条皮带是什么形状的？是一个简单的圆环？还是麦比乌斯圈？或者其他什么形状？[①]

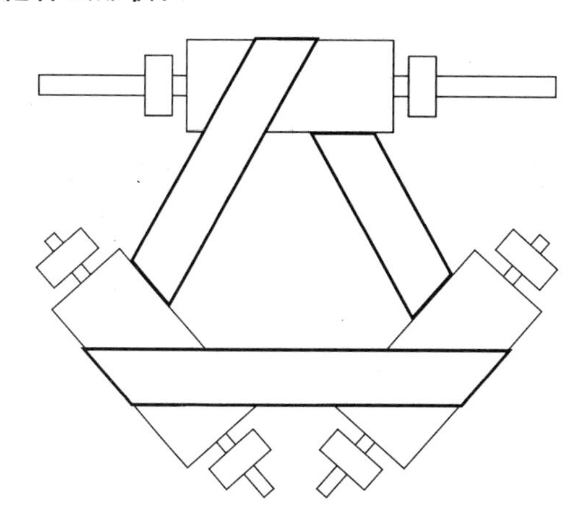

图2–10　这条皮带是否是麦比乌斯圈？

练习10：从下面的左图中寻找出右边的图形

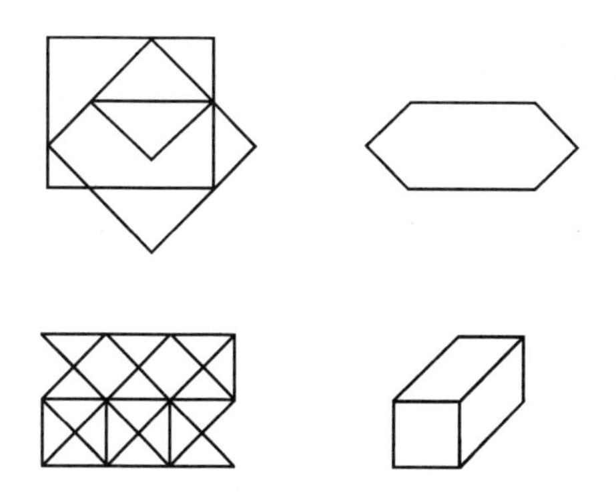

图2–11　从左图中寻找出右边的图形

练习11：九宫图形

提示：九宫图中有8个方格内各有一幅图形，这8个图形呈现一定的规律，需要在4个备选答案中，选出一个能够保持这种规律的图形填到九宫图的问号处。

① 是麦比乌斯圈。这种传送带能够将力量均衡地分散到传送带的两面，因此其寿命是其他传送带的两倍。这个特性曾被一家公司所运用，并取得了专利。

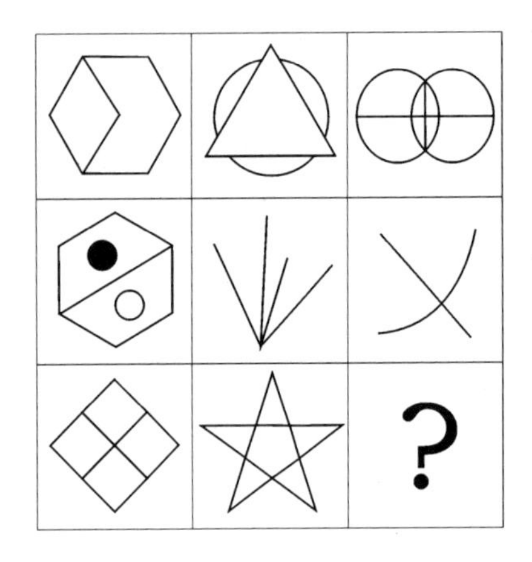
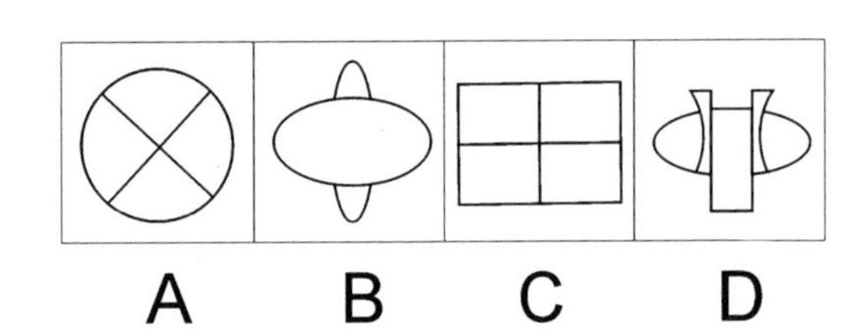

图2-12　九宫图1

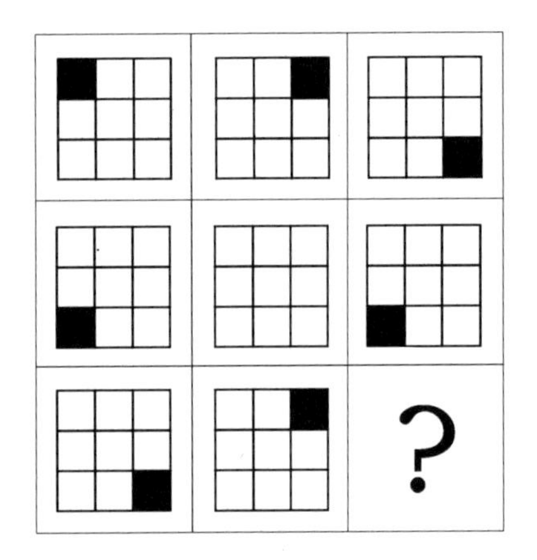
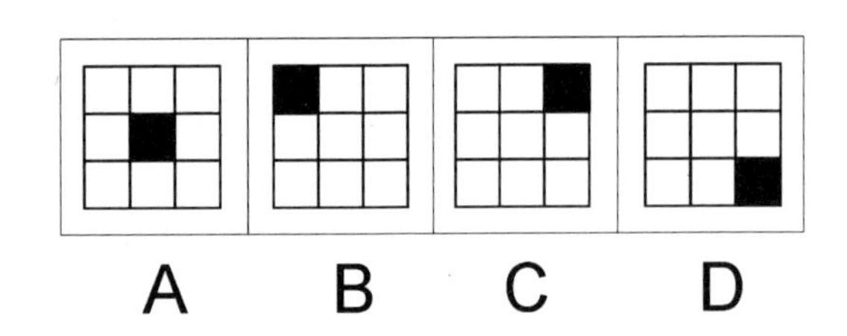

图2-13　九宫图2

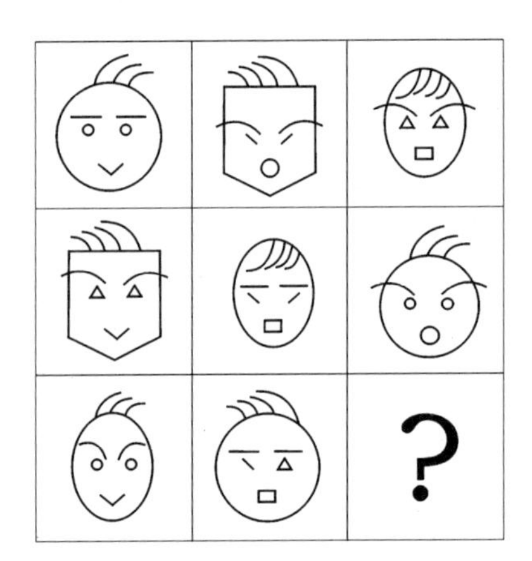
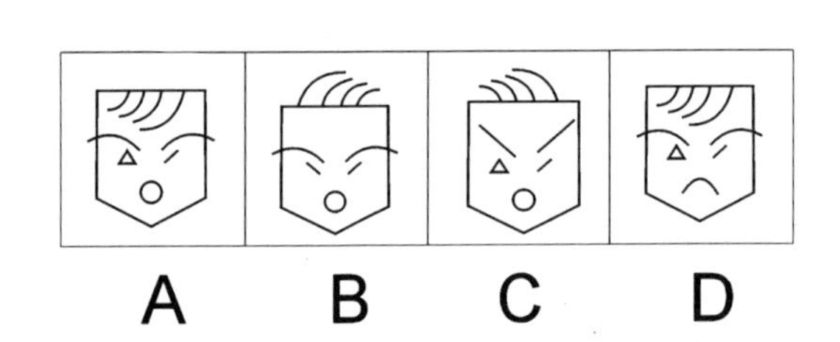

图2-14　九宫图3

第3章 类比思考

（1）教学内容：类比思考的原理和方法。

（2）教学目的：1）学习一种思考策略，类比把看起来毫不相关的事物联系起来，寻求解决问题的新思路；

2）学会把一个事物的某种属性应用在与之类似的另一个事物上，探索各种可行性；

3）通过眼睛观察、动脑思考和动手制作，学习在比较中进行创新设计。

（3）教学方式：1）用多媒体课件作理论讲授；

2）学生以小组为单位，进行实物观察、构绘，教师作辅导和讲评。

（4）教学要求：1）了解类比思考的原理，掌握同种求异和异中求同的思维方法；

2）运用图解的方式作可视化类比思考；

3）运用仿生类比的方法进行小产品设计。

（5）作业评价：1）思维灵活并能自由表达；

2）能体现思考过程，而不是对某个现成品的模仿；

3）模型制作精致，材料运用恰当。

（6）阅读书目：1）[英]约翰·劳埃德、约翰·米奇森，杨红珍译.动物趣谈[M].南宁：广西科学技术出版社，2008.

2）刘道玉.创造思维方法训练[M].武汉：武汉大学出版社，2009.

3）于帆、陈嫕.仿生造型设计[M].武汉：华中科技大学出版社，2005.

3.1 类比

所谓类比，就是由两个对象的某些相同或相似的性质，推断它们在其他性质上也有可能相同或相似的一种推理形式。类比的出发点是对象之间的相似性，而相似对象又是具有多种多样的。达·芬奇是举世公认的杰出画家，从配有5000多幅插图的手记中可以看出，他所涉及的设计研究领域相当广泛，其中包括机械、建筑、水力、空气动力、声光学等，他不但是一位博学的设计大师，更是一位善于向自然学习的类比高手。如图3-1所示为达·芬奇手记中的直升机设计方案。他把水的流动类比于空气的流动，并将当时广泛用于水驱动的螺旋桨安装在直升机上。为了在空气中能垂直地把人“拉起来”，他把螺旋轴改为垂直方向。鉴于当时技术设备条件有限，这个设计方案最终没能升空，但其设计理念和外形已经很接近今天的直升机了。

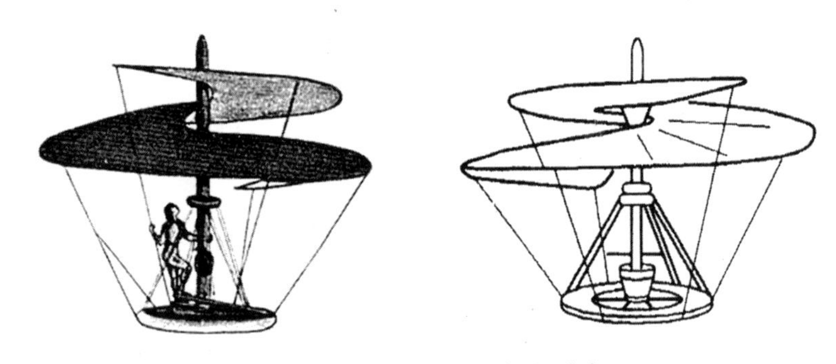

图3-1 达·芬奇手记中的直升机方案

相对于水流，电流是不可视的，虽然这两种物质属于不同的概念范畴，但依据两者之间的属性、关系上的类似，我们把无形的“电”借助有形的“水流”来加以认识和理解。于是就产生了：流水的阻力——电阻、水压——电压、流量——电流、导管——导线等新概念。所以，类比思考的意义在于比较中创新，具体表现在一下两个方面：

（1）发现未知属性，如果其中的一个对象具有某种属性，那么就可以推测另外一个与之类似对象也具有这种属性。地质学家李四光经过长期观察发现，我国东北宋辽平原的地质结构与盛产石油的中东很相似，于是经过一番勘探，终于发现了大庆油田。

（2）把一个事物的某种属性应用在与之类似的另一个事物上，可以带来新的功能。众所周知，泡沫塑料的质量很轻，而且具有良好的隔热、隔声作用，这种特性的原因是在合成树脂中加入了发泡剂。有人由此想到在水泥中加入发泡剂，结果发明了质轻、隔热、隔声的气泡混凝土。

类比法又称综摄法，是由美国麻省理工大学教授弋登（W. J.Gordon）于1944年提出的一种利用外部事物启发思考的方法，并提出两个思考工具，“异质同化”和“同质异化”。

“异质同化”是把看不习惯的事物当成早已习惯的熟悉事物。在问题没有解决前，这些事物对我们来说都是陌生的，异质同化就是要求我们在碰到一个完全陌生的事物时，运用所有经验和知识来分析、比较，并根据结果，作出很容易处理或很老练的态势，然后再去用什么方法，才能达到这一目的；“同质异化”则是对某些早已熟悉的事物，根据人的需要，从新的角度观察和研究，以摆脱陈旧、固定的看法的桎梏，产生新的构想，即将熟悉的事物化成陌生的事物看待。为了更好地运用异质同化、同质异化，弋登还提出了四种模拟技巧：

（1）人格性的模拟——感情移入式的思考方法。设想自己变成该事物后，自己会有什么感觉，如何去行动，再寻找解决问题的方案。

（2）直接性的模拟——以作为模拟的事物为范本，直接把研究对象范本联系起来进行思考，提出处理问题的方案。

（3）想象性的模拟——利用人类的想象能力，通过童话、小说、幻想、谚语等来寻找灵感，以获取解决问题的方案。

（4）象征性的模拟——把问题想象成物质性的，即非人格化的，然后借此激励脑力，开发创造潜力，以获取解决问题的方法。

练习12：根据下列题意作类比图解。

要求：图解答题，没有标准答案，答案越多越好。

（1）什么车像条蛇？

（2）什么车像大象？

（3）什么动物像挖土机？

（4）什么动物像货运车？

（5）什么动物像战车？

（6）生物的哪些品质值得人类学习？

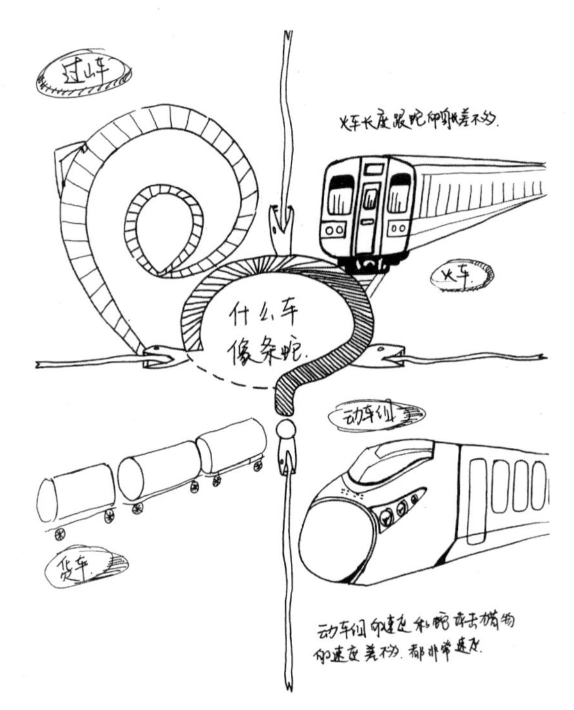

图3–2　什么车像条蛇？（作者：王相洁）

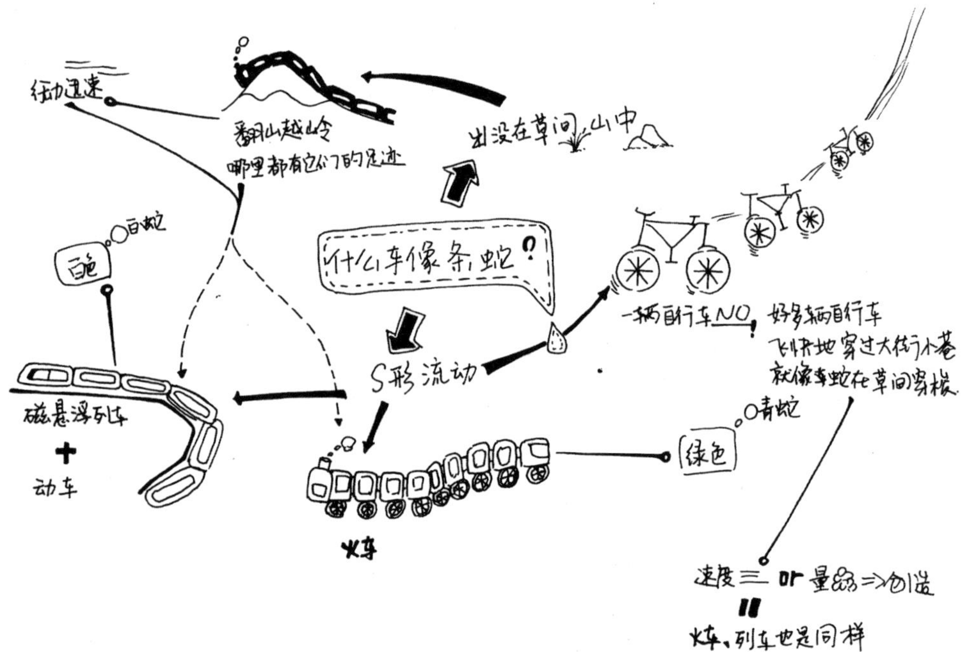

图3–3　什么车像条蛇？（作者：施齐）

图3–4　什么车像大象？（作者：梁世鸽）

图3–5　什么动物像货运车？
（作者：王相洁）

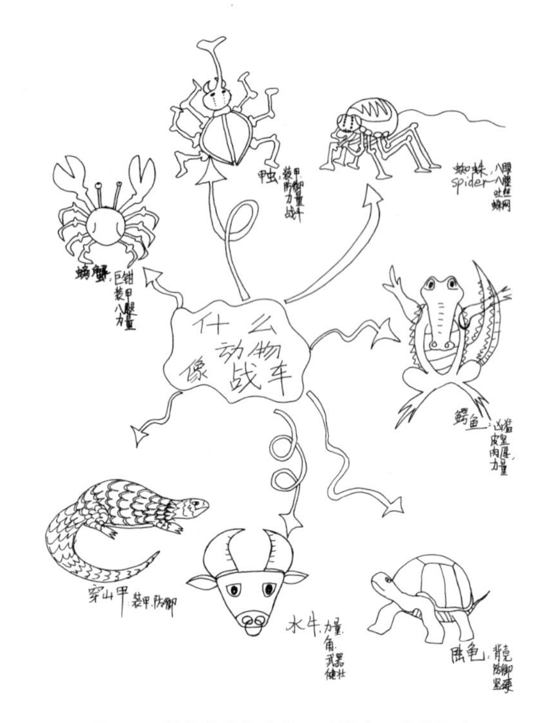

图3–6　什么动物像战车？（作者：史铁润）

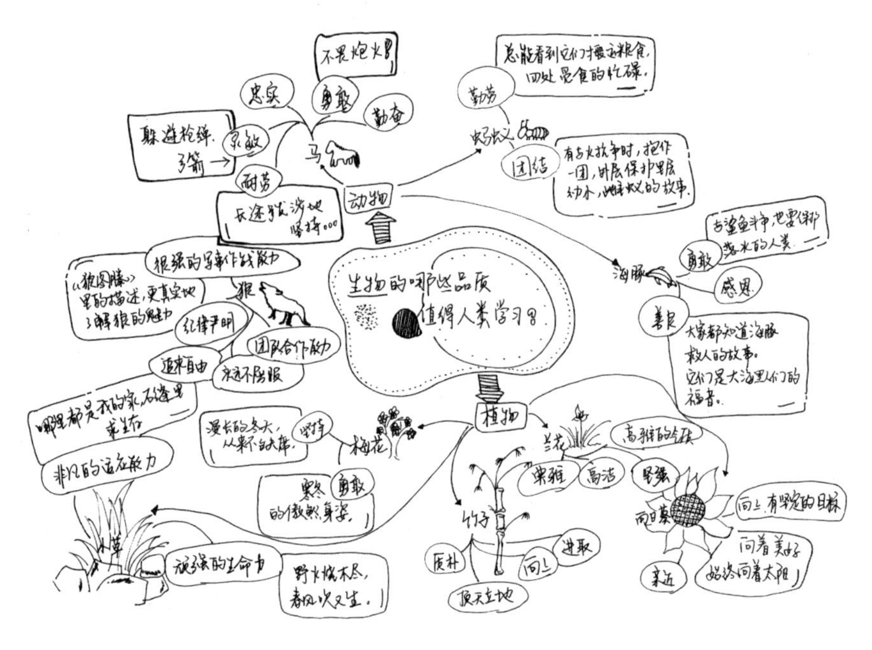

图3–7　生物的哪些品质值得人类学习？（作者：施齐）

图3–8　生物的哪些品质值得人类学习？（作者：王文娟）

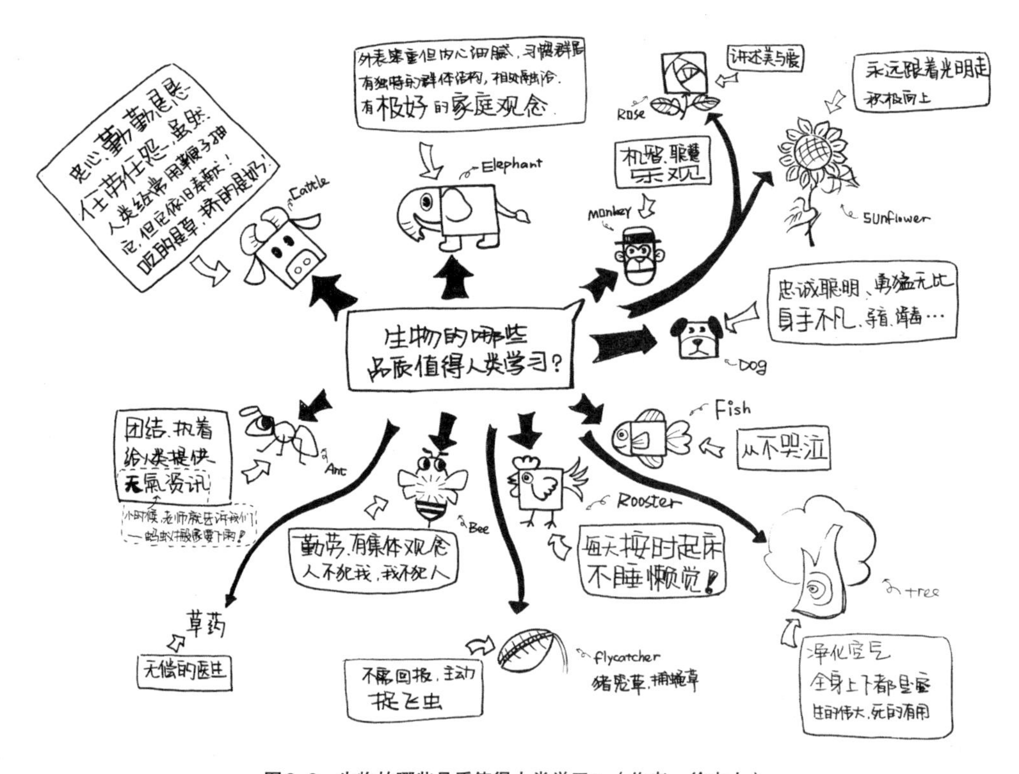

图3–9　生物的哪些品质值得人类学习？（作者：徐吉人）

3.2　隐喻

类比的另一种形式就是比喻，比喻常常用在语文中，而用在设计中称之为隐喻，是把未知的东西变换成已知的事物进行传递的方式。例如，“车队蚂蚁般的前行”这个隐喻假定不清楚车队走得到底有多慢，但我们知道蚂蚁爬行的模样。这个隐喻即把蚂蚁的特征变换成了车队的特征。隐喻是通过寻找事物之间暗含的相似性来获得启发性的思考形式。一般来说，当用下列形式思考时，就是在运用隐喻：

（1）试图通过类比的方法，从一个主题和概念所涉及的范围出发去寻找另一个主题或者概念的涉及范围；

（2）试图把一个事物当作另一个来看待；

（3）通过比较或者范围的扩充，把注意力从对一个领域的关注和探究转移到另一个领域去，希望借此可以从一个新的角度使思考的主题更加精彩。

如图3–10所示，是以苹果为主题去寻找另一主题的作业。这个练习借助联想，产生非逻辑性的跳跃。从中可以看出，运用隐喻时情感发生的变化，对事物

图3-10　苹果的隐喻（作者：陈燕虹）

的认识会处于一种模糊、童真的状态，自然而然地放弃常规思维方式解决问题的做法，还会让以往存在于头脑深处的各种知识、信息和经验涌现出来。

下面通过设计作品来进一步理解三种广义上的隐喻：有形的、无形的和两者的结合。

（1）无形的隐喻——从一个概念、一个主意、一种人的状态或者一种特质（自然的、社会的、传统的、文化的）带入的隐喻设计。如图3–11所示，是一位欧洲设计师设计的“禅椅”。该作品的概念来自“深远、空无、极简、普度众生”的禅宗思想，通过椅子造型本身及坐姿传达出对东方文化的隐喻。

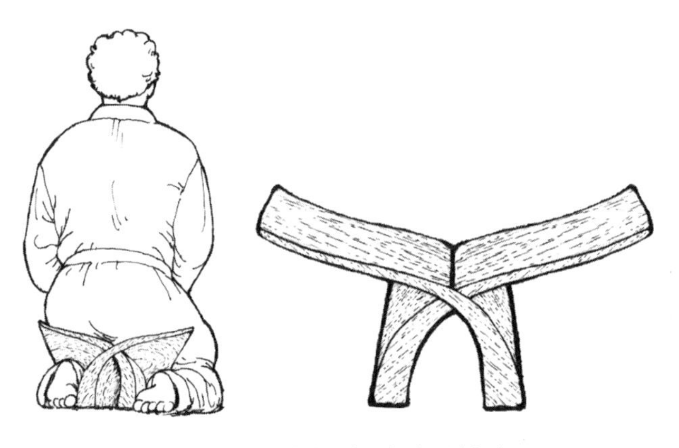

图3–11　禅椅（作者：挪威设计师）

（2）有形的隐喻——从一些视觉的或是物质的属性（有外星人模样的榨汁机、像城堡的住宅）出发直接获取的隐喻；如图3–12所示的是像换气扇的CD播放机，只要将CD放进去，拉一下垂下来的绳子，就可以开始播放CD。这个过程就好像打开换气扇一样。把CD播放机做成换气扇的造型，也许会稍稍削弱一些作为音响器材的功能，但正是这种隐喻让听者的感觉变得更加敏锐。

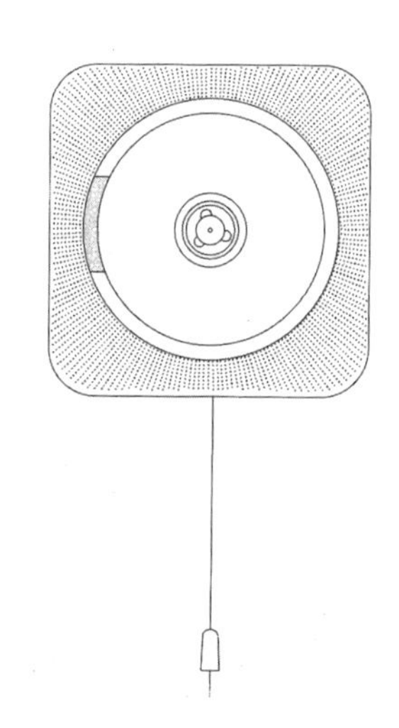

图3–12　CD播放机（作者：深泽直人）

（3）有形与无形的结合——视觉和概念相互叠加，作为创作出发点的要素。视觉因素是用来检验视觉载体的优点、性质和基础。如图3–13所示，插座无论在形态还是材料运用上均与现有产品相去甚远，却唤醒了一种关于细胞分裂、生殖的隐喻。设计师在材料专家的帮助下，采用了修补人体的特殊材料，在视觉和触觉上给人另类的感觉，其肉嘟嘟的手感就像丘比特娃娃那样的可爱。

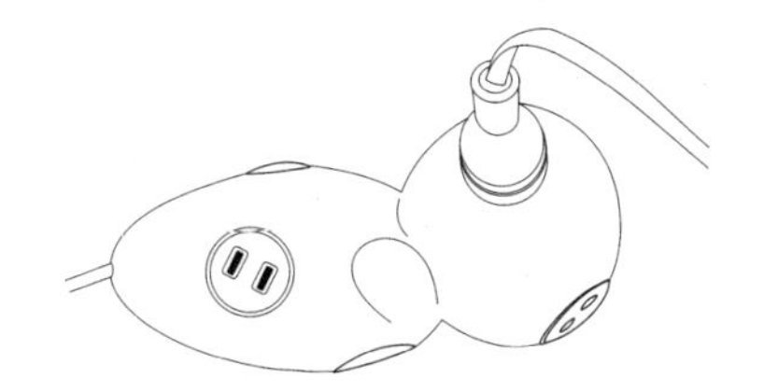

图3-13　妈妈的宝贝插座
（作者：玛迪厄·曼区）

“提高类比和隐喻能力可以从两个方面入手：一是先记住一种事物的形象，再仔细观察其他的事物，从中发现两者之间的相同之处；二是可以随机选取两个物体，从某一方面进行比较，刚开始会觉得不可思议，甚至荒唐，做久了渐渐就会发现自己的隐喻能力大有进步。运用隐喻的关键是要求思维容忍不相关的事物，模糊事物的界限，要持一种游戏心态。否则，一切类比都将无法进行，这是隐喻机制能发挥作用的重要心理条件。”①

练习13：根据下列题意作隐喻图解

提示：把两个看起来没有什么关系的事物联系起来，在“相似性”中发现隐喻。

（1）杭州的保俶塔和竹笋哪个更挺拔？

（2）时装模特走的“猫步”和金鱼哪个更优美？

（3）气球和蜻蜓哪个更轻盈？

（4）压路机和大象哪个更笨重？

（5）变形金刚和大卫雕像哪个更酷？

（6）石子路面和鳄鱼皮哪个更粗糙？

3.3　仿生类比

人们在研究生物的某种特殊能力时，把设计构想与生物功能的相似点作为思考的依据，我们把找出与生物相似点的思考方法称为仿生类比。仿生类比区别于其他类比方法，它不是以一物推断另一物，而是以一物创造另一物。如图3-14所示，为英国建造的可开合的桥梁。这是仿生设计的经典之作：以人的眼皮作为类比模型，桥的曲面提供了结构上的稳定性，就像人的眼皮一样。当眼皮被关上时，吊桥就放下来，行人和车辆可以通行；当有船只要通过时，眼皮就张开。

---

① 罗玲玲 . 建筑设计创造能力开发教程 [M]. 北京：中国建筑工业出版社 .2003：103.

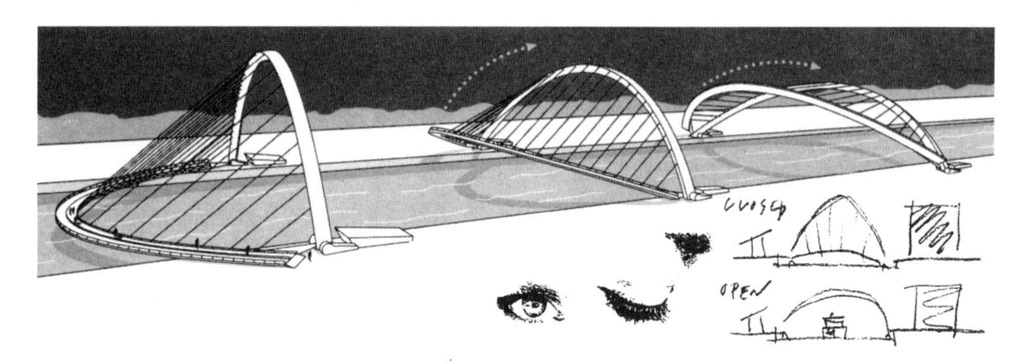

图3-14　基于对"眼皮"的仿生设计——盖茨黑德千禧桥设计方案与草图

在人类历史上，人造物可以说有相当一部分是对自然万物的模仿，但作为一门完整意义上的仿生学却只有五六十年的历史，是专门研究如何在工程上应用生物功能的学科。仿生类比思考法则是对仿生学的应用，把生物的结构、功能和形态应用在产品设计中。下面就这三种仿生类比设计作介绍：

（1）结构仿生—— 生物结构是自然选择与进化的重要内容，是决定生命形式与种类的因素，具有鲜明的生命特征和意义。结构仿生是通过对自然生物由内到外的结构特征的研究和启发而提出新的设计方案。瑞士工程师乔治·梅斯特劳一天回家，发现自己的外套上以及狗毛上沾满了牛蒡草，于是他取下其中一根，在显微镜下仔细观察，发现它的表面布满了小钩。这给了他极大的启迪，他开始设想用两种不同的织物制造一种新型的纽扣——其中一条上面布满小钩，而另一条则织满小圆圈，对其来一压，它们就能紧紧地粘在一起了。梅斯特劳把它的发明叫做"维可牢"（velcro），这个名字是两个法语词velour（丝绒）和crochet（钩针）组合而成的（图3-15）。

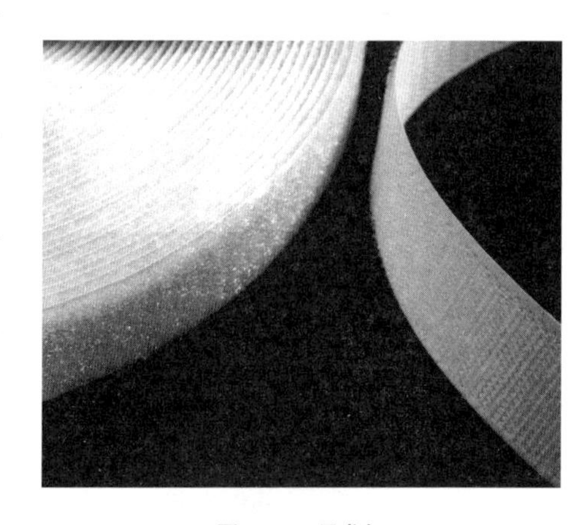

图3-15　尼龙扣

（2）功能仿生——生物在长期进化中已形成极为精确的生存机制，使它们具备了适应内、外环境变化的能力。功能仿生是在研究生物体功能原理的基础上改进现有的技术系统，在仿生学和产品设计之间架起一座桥梁。举个例子，在开发超音速飞机时，设计师们遇到一个难题，即所谓"颤振折翼问题"。由于飞机航速快，机翼发生有害的颤动，飞行越快，机翼的颤振越剧烈，甚至使机翼折断，导致机坠人亡。这个问题曾经使设计师绞尽脑汁，最后终于在机翼前缘安放一个加重装置才有效地解决了这一难题。使人大吃一惊的是，小小的蜻蜓在三亿年前就解决了这个问题。仿生学研究表明：蜻蜓翅膀末端前缘都有一个发暗的色素斑——翅痣。翅痣区的翅膀比较厚，蜻蜓快速飞行时显得那么平稳，就是靠翅痣来消除翅膀颤振的（图3–16）。

（3）形态仿生—— 是对生物的整体或某一部分形态特征进行模仿，并用于产品造型设计中。经典作品如“苍鹭台灯”（图3–17），在外形上把苍鹭的特征捕捉得惟妙惟肖。我们从图中可以看出，日本设计师在灯罩、连杆和灯座三者之间通过机构连接，巧妙地和生物原型的头、身和腿之间的关节一一对应。即使在使用过程中所产生的形态变化也与苍鹭的行走姿势有某种神似。最显著的特点，不管台灯的高度定位在哪个高度，灯的照明始终与桌面保持平行。

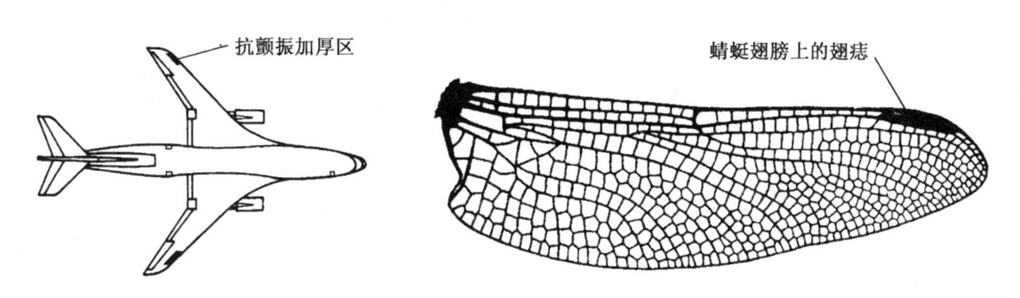

图3–16　蜻蜓翅痣与飞机抗颤振加厚区

图3–17　苍鹭台灯

练习14：模拟生物结构作设计构思

（1）模拟植物花冠的结构设计一个灯具；

（2）模拟树的结构设计一个晾衣架；

（3）模拟贝壳的结构设计一个座具。

练习15：模拟生物的某个结构作剪刀创新设计

（1）剪刀的思维导图；（2）模拟生物的某种结构、功能、形态进行剪刀设计；（3）根据自己的手型设计制作剪刀模型；（4）制作一份设计说明书。

图3–18　剪刀设计课堂教学

图3–19　根据自己的手型设计模型

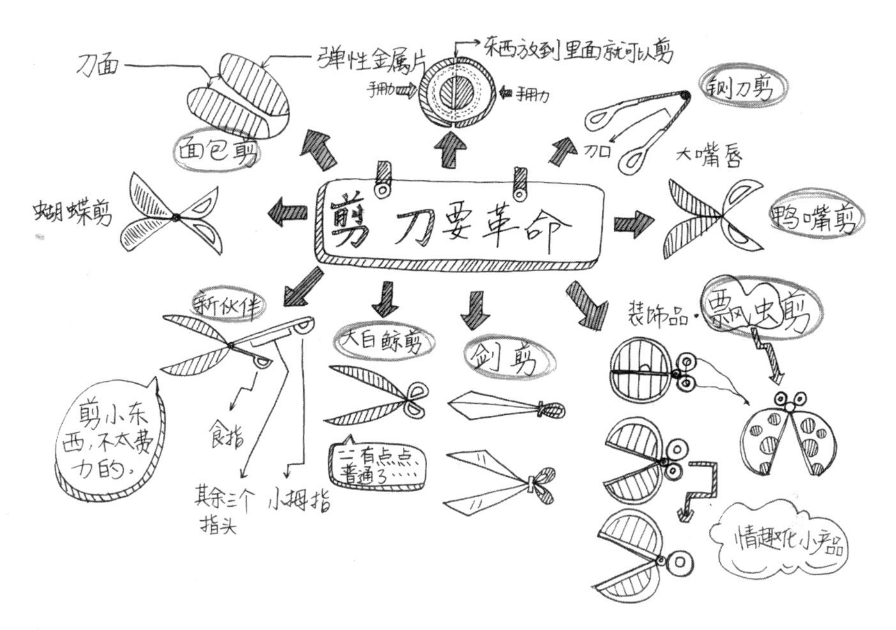

图3-20　剪刀的思维导图（设计：沈也）

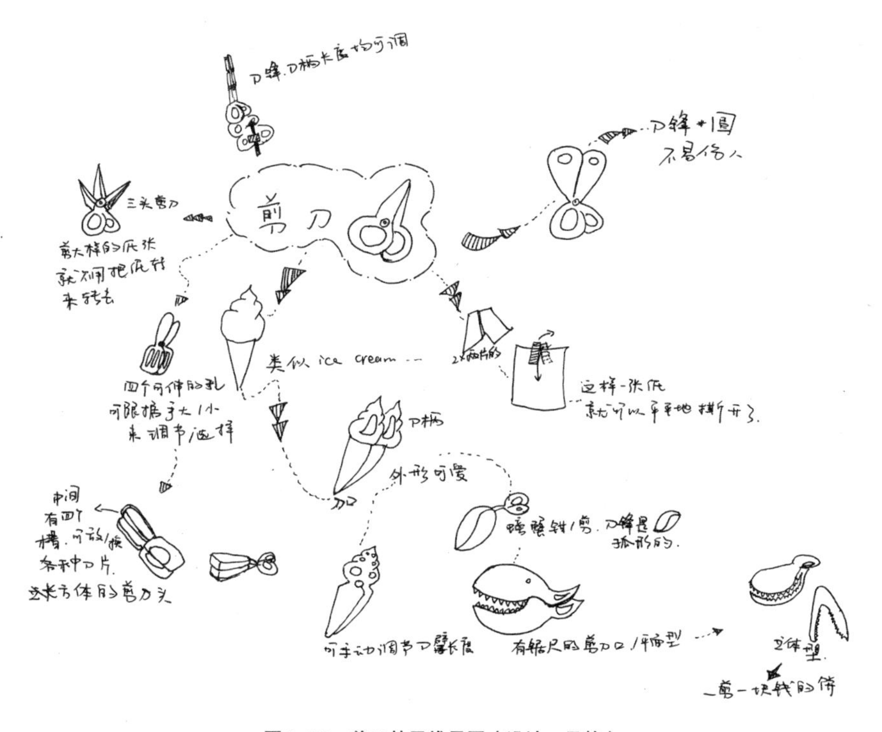

图3-21　剪刀的思维导图（设计：吕静）

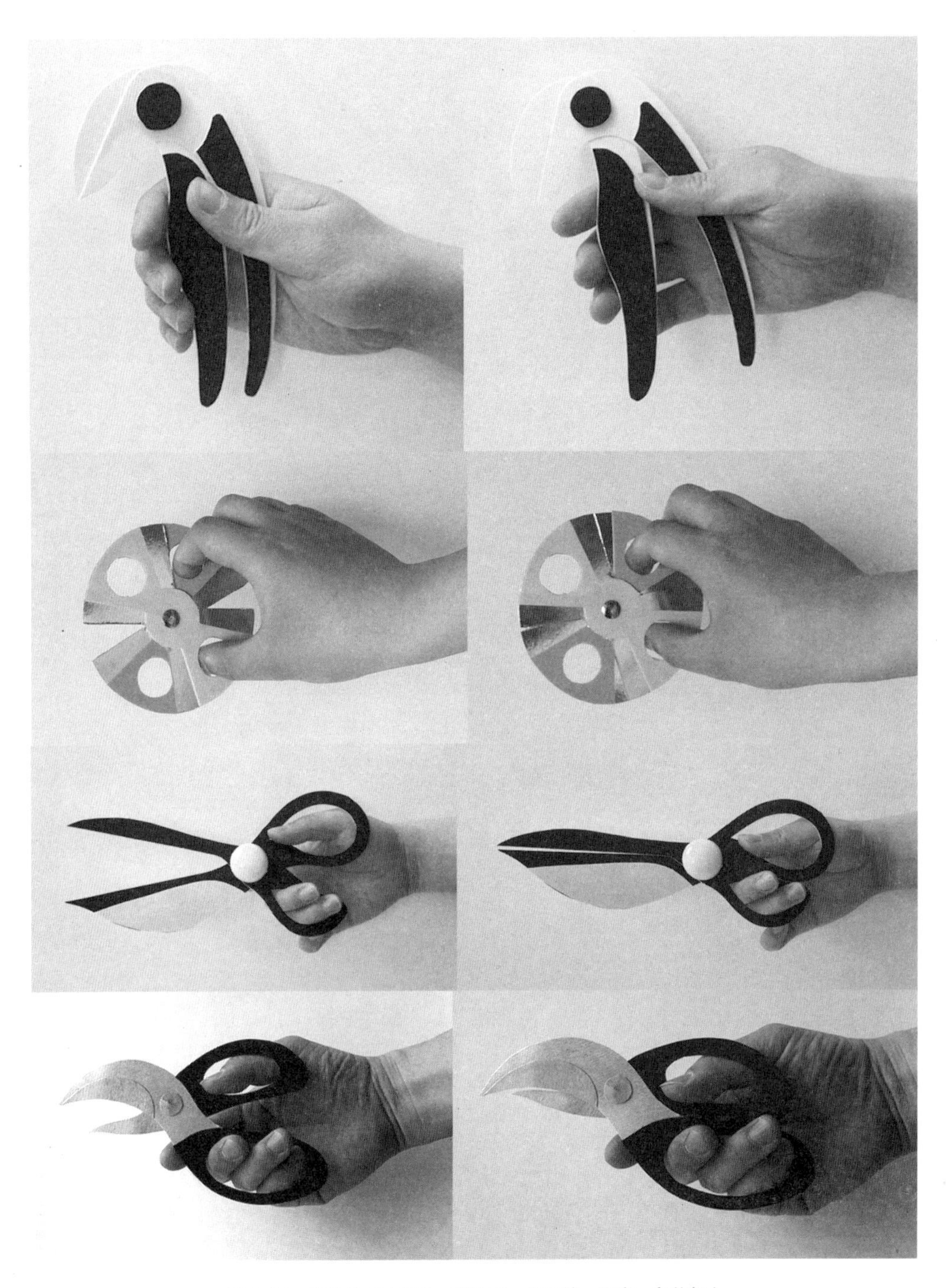

图3-22 仿生剪刀（设计：张旗峰、翁庆棣、郑骞、詹佳辉）

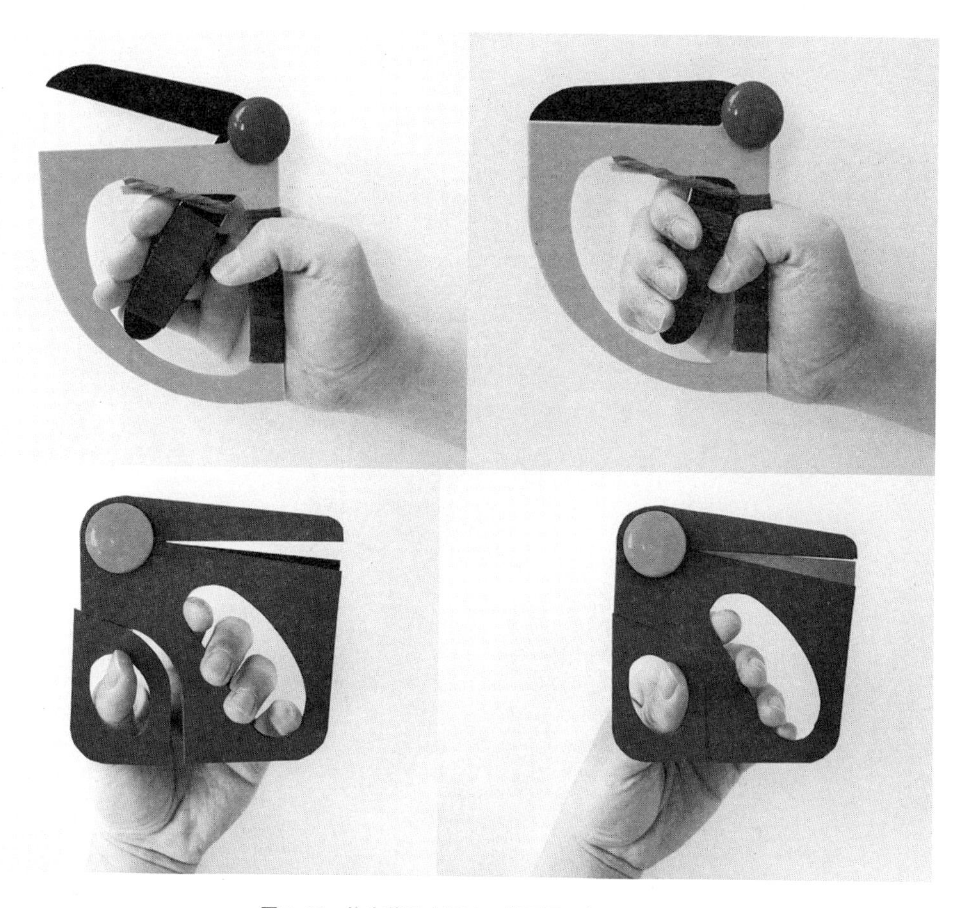

图3-23　仿生剪刀（设计：龚丽娟、张玉冰）

图3-24　剪刀设计说明书（设计：郑邵健）

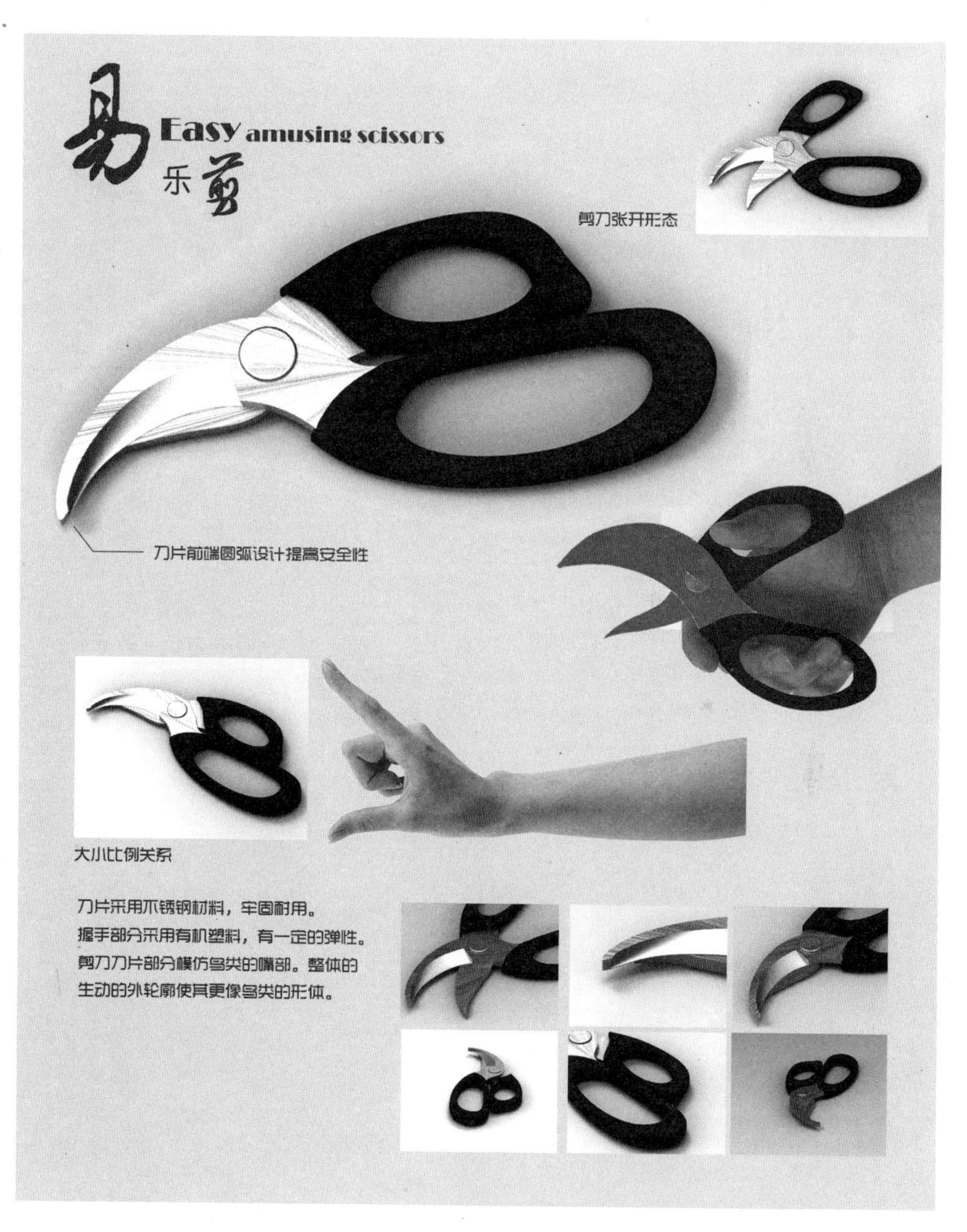

图3-25　剪刀设计说明书（设计：詹佳辉）

第4章 多维思考

（1）教学内容：逆向、横向思维和头脑风暴的原理与方法。

（2）教学目的：1）摆脱习惯思维模式，面对问题能提供多种解决方案；

2）提高对生活细节的敏感度，能从周边的事物激发好奇心；

3）在提高观察、思考能力的基础上，提升视觉表达能力。

（3）教学方式：1）用多媒体课件作理论讲授；

2）在课堂上完成逆向、横向思维等练习以及小组头脑风暴练习，学生互评和教师讲评相结合。

（4）教学要求：1）掌握多维思考的技巧，能“跳出框框”看待问题和解决问题；

2）通过课堂训练，提高思维的流畅性、变通性和独特性。

（5）作业评价：1）感知觉能力敏锐，并有清新的表达；

2）思维的广度比深度重要。

（6）阅读书目：1）梁良良.创新思维训练[M].北京：新世界出版社，2006.

2）余华东.创新思维训练教程[M].北京：人民邮电出版社，2007.

3）[美]麦克尔·盖博.像达·芬奇那样思考[M].北京：新华出版社，2002.

4.1　逆向思考

“保护地球是每个人的职责！”

作为一句环保口号，可以起到正面教育和警示作用。如果换一种方式提问：“有哪些行为可以毁灭地球？”，听上去很雷人的问题却可以引发成百上千个答案，这些答案可以具体落实到某种行为，不同的人会根据各自的立场和角度来做出不同的回答。下面的练习就是同学们在教室里20分钟内作出的回答。

练习16：保护地球是每个人的职责。

逆向思考：保护——破坏

问题：有哪些行为可以毁灭地球？

“有哪些行为可以毁灭地球？”的答案：

①使用一次性用具；②开长明灯；③大量使用农药；④乱扔电池；⑤大量排放二氧化碳；⑥燃放烟花爆竹；⑦核威胁；⑧浪费水资源；⑨围湖造田；⑩战争；⑪开大排量车；⑫捕杀野生动物；⑬使用含P洗衣粉；⑭践踏花草；⑮政府腐败；⑯CPI直线上升；⑰瘟疫；⑱穿皮草服装；⑲吸烟；⑳生活垃圾不分类；㉑火烧森林；㉒乱用抗生素；㉓人口暴涨；㉔发表伪学术论文；㉕乱出书；㉖抽烟；㉗行星撞击；㉘使用含氟冰箱；㉙乱堆垃圾；㉚乱用抗生素；㉛过度开采矿产；㉜吃口香糖；㉝过度包装商品；㉞大量使用纸巾；㉟污染海洋；㊱毁坏树木；㊲浪费粮食；㊳土葬；㊴乱砍滥伐；㊵气象灾害；㊶外星生命入侵；㊷变异病毒；㊸把野生动物关进动物园……

这种从“反过来”思考问题的方式称之为逆向思考，是指从思考对象的反面寻找解决问题的方法。最初提出这种创新思考法的是哈佛大学的艾伯特·罗森教授，他把这描述为“站在对立面进行思考”。从前面的例子中看出，对一句正面的口号反向思考可以产生更为具体的众多“措施”来防止问题的产生。逆向思考正是通过对问题另一面深入挖掘事物的本质属性，来开拓解决问题的新思路。如果对“健康生活每一天”的逆向提问：“想生病有哪些方法？”（图4-12、图4-13）。面对看似荒唐的问题，同学们在新的角度下找到了更多“鲜活的答案”，更为重要的是改变了原来对“健康”的思维定势。

所谓“思维定势”，具体一点就是“从众心理”，这是现代人都有的社会心理：不出格、随大流、人云亦云。人之所以需要“从众心理”完全源于高度组织化、社会化、法制化的现代生活。试想一下，如果没有这种心理机制，作为个体的人就无法立足于现代社会。就像在都市马路上不能在中间行走；口中有痰不能随意吐出口；气温再高不能赤身裸体行走在大街上等，当然这些都是现代文明的基本要求。通常情况下，“从众”比较有效、经济、安全，能解决生活中的常规问题，不用花太多心思也能把事情做好。今天大力提倡所谓的“创新”，从某种程度上讲就是要克服这种从众心理。因为这种心理维持的是“常规”，长此以往整个社会便无法进步。

逆向思考作为一种思维工具，帮助我们暂时摆脱“从众心理”，从逆向的、非常规的角度去看待问题，以期找到解决问题的新视角。我们要建立这样的观念，即在思考问题或设计过程中，并不存在一条明显的、正确的思路，对客观事物要经常从相反的方向思考，这样才能改变常规的心理定势，才能产生新的创意。

由此看来，所谓“逆向”就是改变思维的方向，在设计思考中主要体现在以下几个方面：

（1）形态的逆向思考——从产品的形态、尺寸大小进行逆向思考。如图4-1所示，落地灯就是把原来的台灯尺寸放大三倍。据说这款灯具设计是为了纪念灯具制造商七十周年而设计的限量版产品，这件独特的产品提升了公司形象。

（2）功能的逆向思考——如图4-2所示，花盆是由聚亚安酯制成。这个花盆的奇妙之处是除了花盆之外，还可以在翻边后做成雨伞架，设计师在此作了功能的逆向处理。

（3）结构的逆向思考——市场上的卷筒卫生纸，其内芯都是圆形的，而有位日本建筑师却把它设计成方形的，如图4-3所示。这种结构上的逆向思考显然不是为了形态上的标新立异，而是为了在使用时产生一点“不方便”——不那么滑顺地抽下纸来，还会发出“喀嗒——喀嗒”的响声，据说这种响声会在使用者的心理上造成节约资源的暗示。此外，由于圆芯卫生纸在排列装箱时彼此间的间隙较大，而方芯卷筒卫生纸在包装上可以节约更多空间，从而降低了运输成本。

（4）状态的逆向思考——将使用状态和使用环境等进行逆向设计，而产生新奇感。如图4-4所示，可加油的油灯是用剩余的手榴弹重新镀金制成的。它具有一种全新的感觉：手榴弹从一种对战争的阴暗象征转变成了一个明亮的桌面装饰。

（5）因果关系的逆向思考——如图4-5所示，纸杯上的图案是造纸过程中的各个环节。把“树木变纸材”的因果关系形象地展示给终端使用者，有助于消费者作出行为判断。

图4-1　台灯的逆向思考（设计：乔治 · 卡伐蒂尼）

图4-2　花盆的逆向思考（设计：约翰尼斯 · 偌兰德）

图4-3　卫生纸筒的逆向思考（设计：坂茂）

图4–4　手榴弹的逆向思考
（设计：皮特·霍腾巴斯）

图4–5　纸杯的逆向思考（设计：耶利米·塔索林）

练习17：健康生活每一天

逆向思考：健康——生病

问题：想生病有哪些方法？

要求：作思维导图，20分钟内能产生多少“方案”。

练习18：请用“否定视角”思考下列事物，从中找出消极因素或不好的方面，找出的理由越多、越奇特越好

（1）天下无贼；

（2）房价暴跌；

（3）找到一份好工作。

练习19：请用“肯定视角”思考下列事物

（1）经济低迷；

（2）大病一场；

（3）朋友背叛。

练习20：请用“逆向思考”下列事物的可能性

（1）四脚朝天的椅子；

（2）让水往上流的器具；

（3）移动居所。

4.2　横向思考

横向思考（或称水平思考）是剑桥大学爱德华·德·波诺教授针对纵向思考（或称垂直思考），即逻辑思维，提出的一种看问题的方法。他认为纵向思维者解

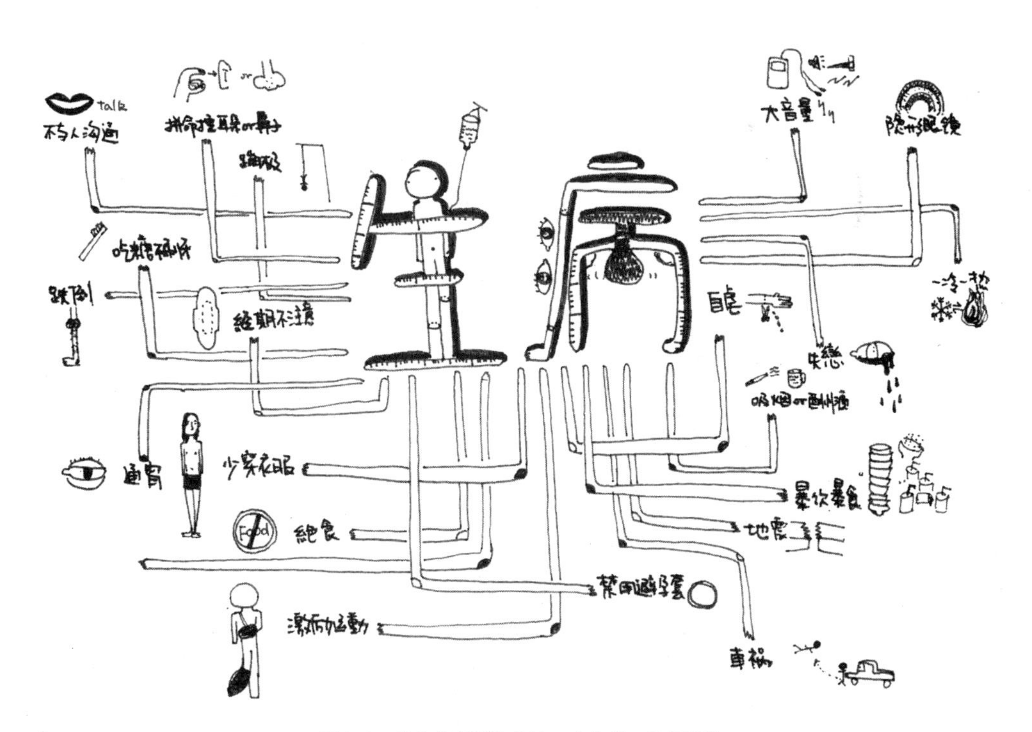

图4–6　想生病有哪些方法？（作者：叶娅妮）

图4–7　想生病有哪些方法？（作者：沈也）

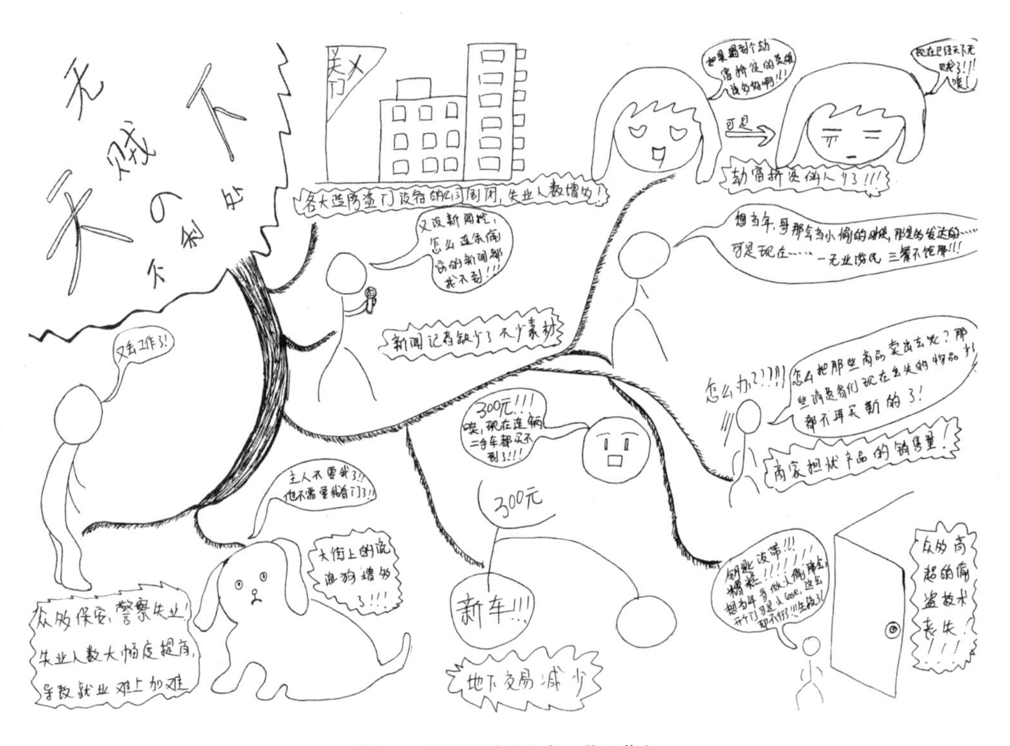

图4–8　天下无贼（作者：黄丽萍）

决问题的方法是从假设—前提—概念开始，进而依靠逻辑判断，直至获得问题的答案；而横向思考不太考虑事物的确定性，而是多种选择的可能性；关心的不是完善的已有观点，而是如何寻求新点子；不是追求所谓的正确性，而是注重丰富性。如何实现横向思考呢？需要通过以下七个步骤：

（1）要养成寻求尽可能多的、探讨不同问题的习惯，而不要死抱住老办法不放——可以用多种方法来开拓思路，以寻求观察问题的办法、类比和可能的联系。

（2）要对各种假定提出反思——通常情况下，人们在思考某件事情时，总会作出多种假定，往往会无意识地把问题想当然。但是，当抱着怀疑的态度仔细追究时，可能被证明是不可能的或不恰当的。这就扫清了思想上的障碍。

（3）不要急于对头脑中涌现出的想法加以判断——众所周知，许多科学发现常以假线索作为先导，因此在没有新想法产生之前，不要将其放弃，它也许能孕育出更进一步的想法。目的在于发现一种新的、有意义的思想组合，而不是通过何种途径来实现。

（4）使问题具体化，并在头脑中形成一幅图像——这在本书的第1章中已经提到。图像可以帮助我们进行重新排列，发现相互的联系等。图像还有利于采用符号来表示各种不同的因素。

（5）要把问题分成独立的几个部分——逻辑分析是一种系统的方法，目的在于对问题作出解释。而横向思考是对各部分作出鉴别，并给予重新排列与组合。

（6）从问题之外寻求突破的机遇——逛商店，到玩具店随便看看，或者随便从字典里查一个词等做法都是寻求突破的方法。在商店里闲逛时，并不寻找与问题直接有关的东西，应该在头脑中保有空白处，并随时接受新东西。偶然碰到的东西，或来自字典中的一个词，都可能引发出一批相关的想法。也许偶然的机遇导致问题迎刃而解。

（7）参加各种新观念的启发性会议——譬如小组头脑风暴之类的活动，这方面内容将在4.3节介绍。

所以，所谓横向思考是从已有的信息中产生新信息，并从不同角度、不同方向进行思考。与此相类似的还有一个更为形象的说法叫“思维发散”。这种思考方式既无方向、又无范围、不墨守成规、不拘泥于传统方法，对所思考的问题标新立异，达到“海阔天空”、“异想天开”的境界。

“横向”也好、“发散”也好，都是一种形象的说法，对应于纵向的、收敛的逻辑思维模式。横向思考是沿着多条“思维线”向四面八方发散，能有效地扩展思维的空间，所以是一种非逻辑思维；而逻辑思维则是一种单线性思维。但是，逻辑思维和非逻辑思维是人类认识世界、创造新思想的两个轮子，缺一不可。只是我们的传统教育比较重视前者而忽视后者。在提倡创新、创意的今天，增强非逻辑思维的训练有助于创新思维的培养。

从单独一根“思维线”向多条发展是需要经过一定量的训练。尽管是“海阔天空”或者是“异想天开”，这类训练活动以及产生的思维成果并不是没有评价标准，而是有三个评价指标：流畅性、变通性和独特性。

流畅性是发散性思维量的主要指标，只要按照问题去发散，发散越多得分越高。变通性则要求从不同的方面去发散，思维运算涉及信息的重组，如分类、系列化，甚至转化、蕴涵，具有较大的灵活性和可塑性。独特性要求以新的观点去认识事物、反映事物，意味着思维空间的重新定式，难度最大。由于独特性更多地代表发散性思维的质，它在发散性思维的三个因素中有着特别重要的意义。以“铅笔”为发散题目为例：提出当作玩具、礼品、抒发情感的工具……可以认为具有“变通性”，而提出可以抽出铅芯当吸管使用、成捆铅笔当凳子使用……就具有“独特性”。

练习21：用非逻辑思考方式回答下列问题

要求与程序：文字、图解形式不限；每个想法要标序号；答题完毕写上学号姓名，并交给课代表；课代表将收上来的答题随机发给其他同学；每位同学对拿到的答题进行评分，要写出三个指标的分数和总得分。并写上评分者的学号交给任课老师；评分标准：流畅性——以答题数量为得分值。如一共写出22个答案，得分为22分。变通性和独特性要根据定义来判断，要分别列出序号。如变通性：①③⑧，独特性：⑤⑨。变通性每个答案为3分，独特性每个答案为8分（图4-9）；答题时间为20分钟。

（1）20种以上雨伞的用途；

（2）20种以上筷子的用途；

（3）20种以上照明的方法；

（4）20种以上与钥匙圈组合的东西。

“筷子的用途”答案：

①吃饭夹菜；②捞东西；③围起来做成笔筒；④击打乐器棒；⑤做成玩具手枪；⑥编织起来做帘子；⑦蒸架；⑧杯垫；⑨搅拌棍；⑩教鞭；⑪防身武器；

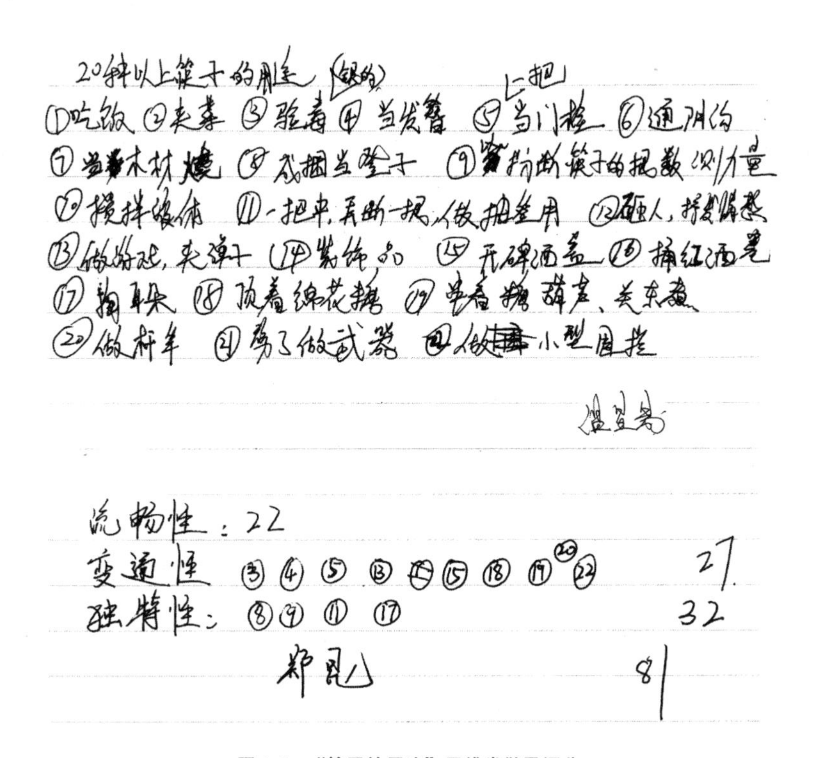

图4–9　“筷子的用途”思维发散及评分

⑫当牙签；⑬捆成一捆、双节棍；⑭练习转笔；⑮做成木偶、玩具；⑯灯笼、笼子；⑰疏通管道；⑱头发簪子；⑲拣垃圾；⑳蘸墨水写字；㉑点火棍；㉒固定东西；㉓织衣；㉔衣架；㉕制作模型工具；㉖小型篱笆；㉗玩具炮筒；㉘钻木取火；㉙开启瓶器；㉚秤杆；㉛淘米倒水时可以拦米；㉜尺子；㉝门的插销；㉞做三脚架；㉟指挥棒；㊱插在墙上做挂衣钉；㊲九节鞭、双节棍；㊳并排粘贴在墙上、装修用；㊴销尖做成钉子；㊵刷子；㊶拿来做成风筝；㊷可以用来当棉花糖的棒子；㊸冰糖葫芦串签；㊹做成书签；㊺捆成当拖鞋底；㊻做成灯具；㊼做成相框；㊽堆积木；㊾游戏棒；㊿做成枕头；51拼成字体做招牌；52做成风铃；53编成储物篮；54写字工具；55做成耳环；56做成梳子；57健身器材；58做成圆规；59当飞镖；60过家家玩具；61做成时髦的服饰；62用来卷发；63雕刻工艺品；64杂耍道具；65做成地板；66做纸的原材料；67敲鼓棒；68做成竹筏；69挠痒用；70夹手指的刑具；71可以翻滚事物；72验毒工具；73做成测力器；74做游戏工具；75掏耳朵勺；76支撑架；77当火把；78小旗杆；79编制成席子；80搭

积木；81削尖当针；82擀面杖；83螺丝刀；84做撑杆；85打狗棍；86当滑雪板；87键盘按钮使用筷子；88圈成圆当轮子；89当台阶使用；90击剑；91天线、导线；92做成手链、项链；93红绿灯的外框；94做成商店里的计算器；95做成路边的污水井盖；96做成牙刷；97做成竹筒饭；98电影道具；99做成有古典风味的大门；100电脑的保护壳

中国官方在2008年下达了“禁塑令”：自2008年6月1日起禁止生产、销售和使用不能降解的塑料袋。一次性塑料袋的使用确实给人的生活带来了很大的便利，但这种“便利”严重地污染了环境。“禁塑令”发出以后，商家联合设计机构都在设计各种“绿色购物袋”。我们可以对此可以作个横向思考练习，改变一下惯常的思路。首先，可以思考一下塑料袋给人们的生活到底带来哪些方便？其次，“禁塑令”后又有哪些不方便？再次，就是有哪些替代的解决方案。如图4-10 ~图4-12所示，对此所作的图解思考。

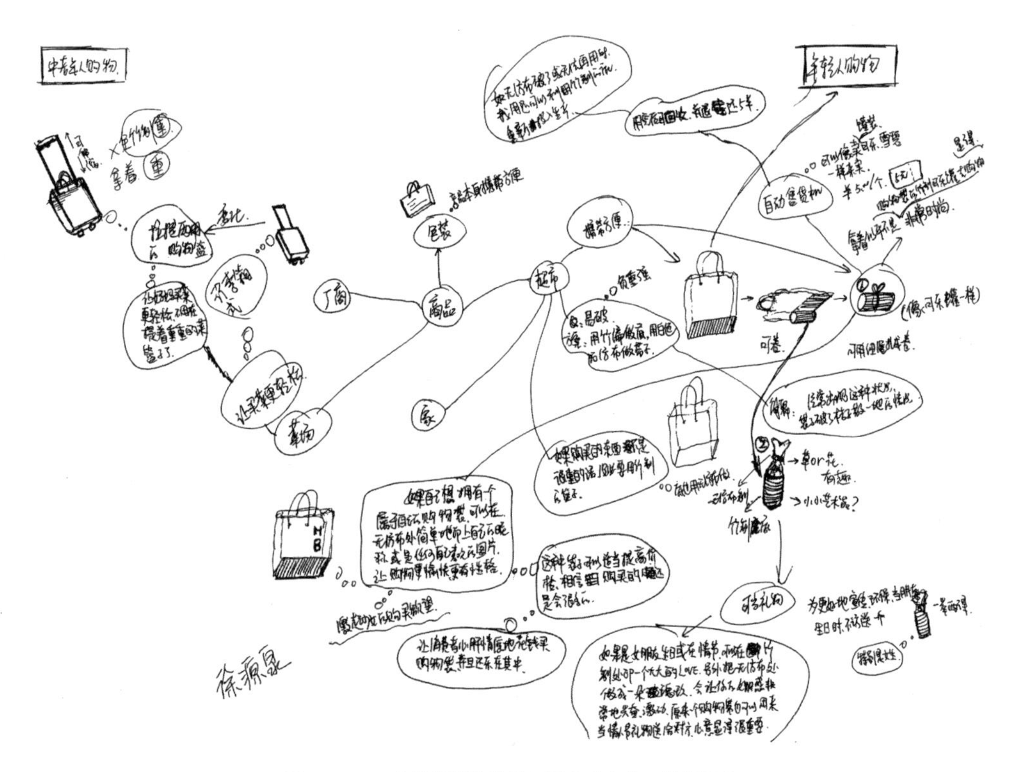

图4-10　一次性塑料袋的横向思考（作者：徐源泉）

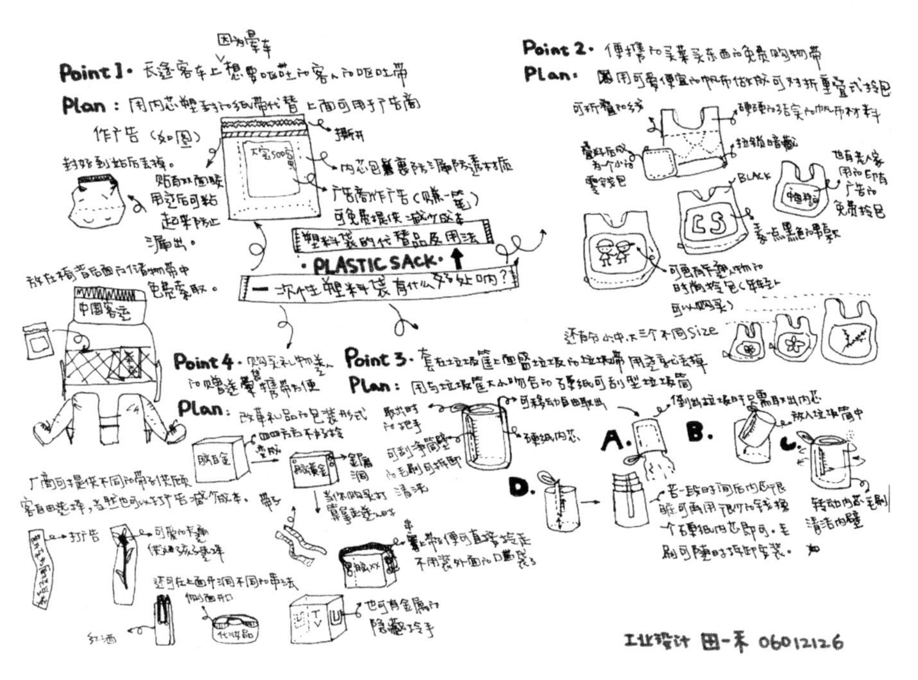

图4-11　一次性塑料袋给生活带来哪些方便（作者：田一禾）

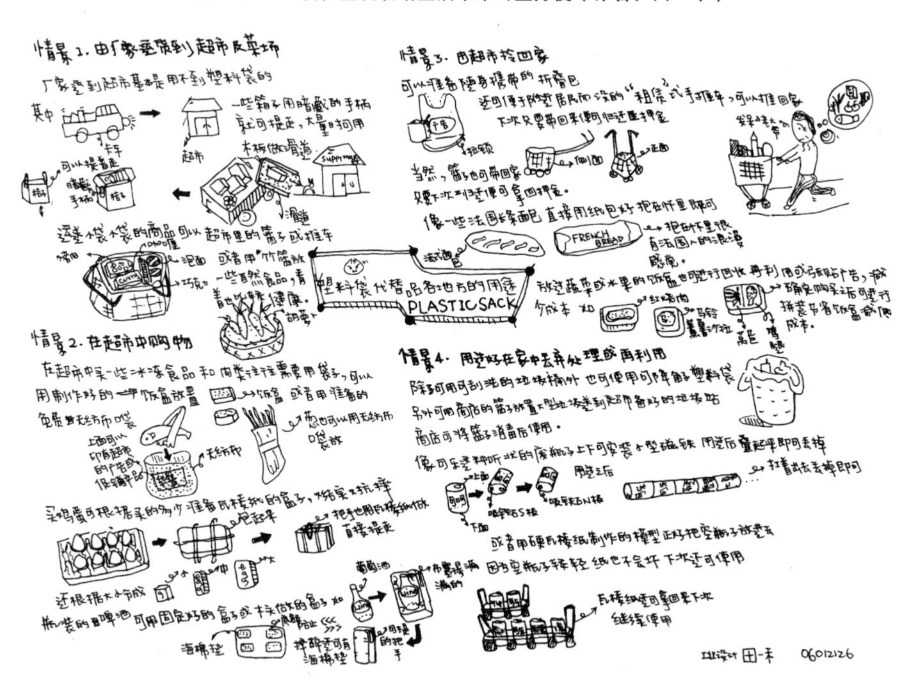

图4-12　在哪些方面可以替代一次性塑料袋（作者：田一禾）

如图4–13 ~图4–15所示，是同学们提出的解决方案。多数方案的重点放在“便携”、“收纳”等概念上，有的采用无纺布设计具有“时装”功能的便携式购物袋，同学们称之为“可以穿在身上的购物袋”。

图4–13　时尚购物袋设计方案（设计：田一禾）

图4–14　时尚购物袋设计方案（设计：郑沪丹）

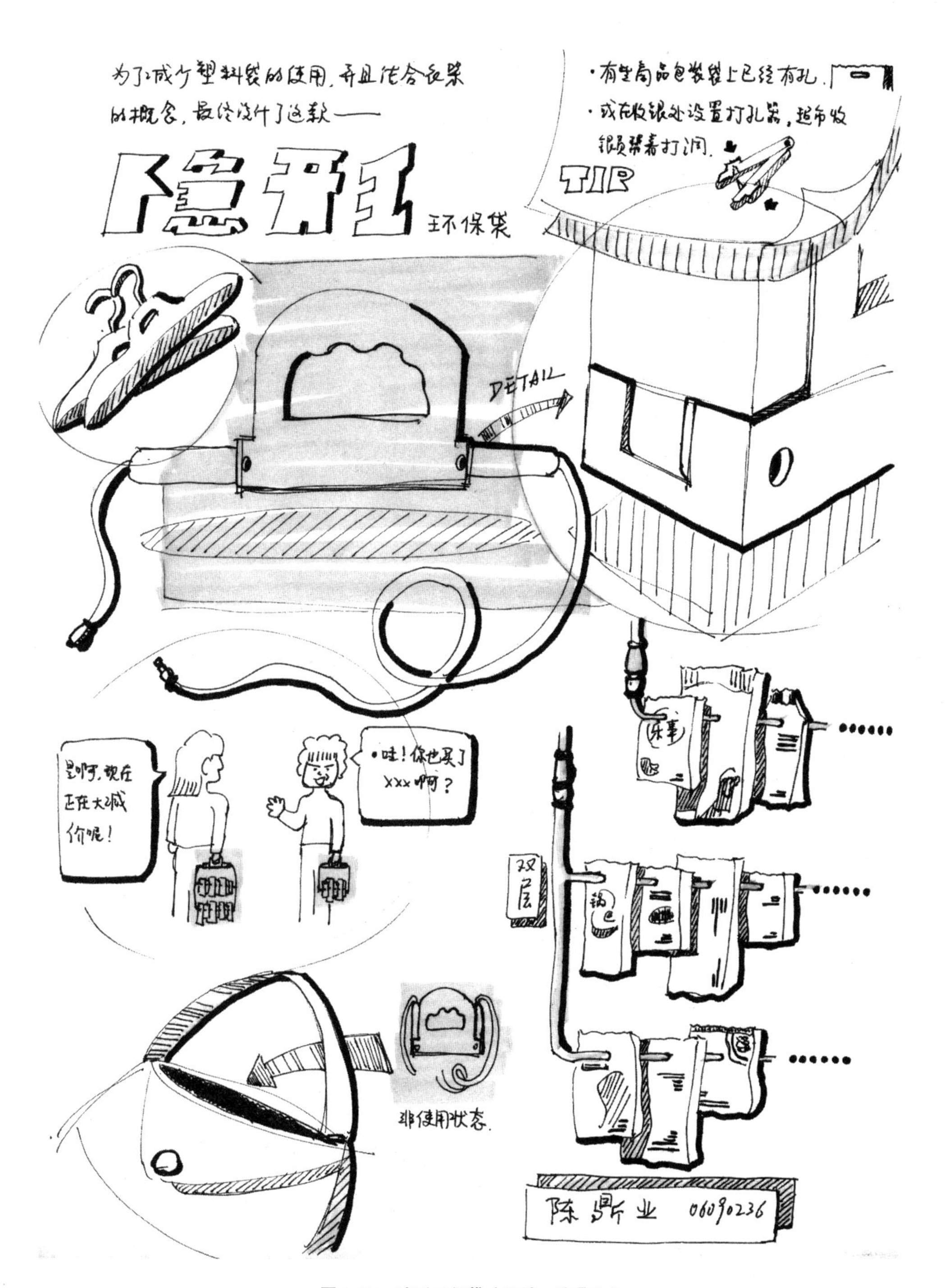

图4–15　隐形环保袋（设计：陈鼎业）

练习22：购物袋设计

要求与程序：用思维导图进行思维发散。方便的购物袋。塑料袋给人的生活带来哪些方便，限制使用带来哪些不方便。并提出30个解决方案。

练习23：用横向思考对饮料瓶或闹钟提出30种用途。

练习24：用发散思考回答下列问题：

（1）假如人类不需要睡眠；

（2）假如不停的下雨；

（3）假如天上有两个太阳；

（4）假如取消考试；

（5）假如树是蓝色的。

图4-16　可乐瓶的用途（作者：谢嘉骏）

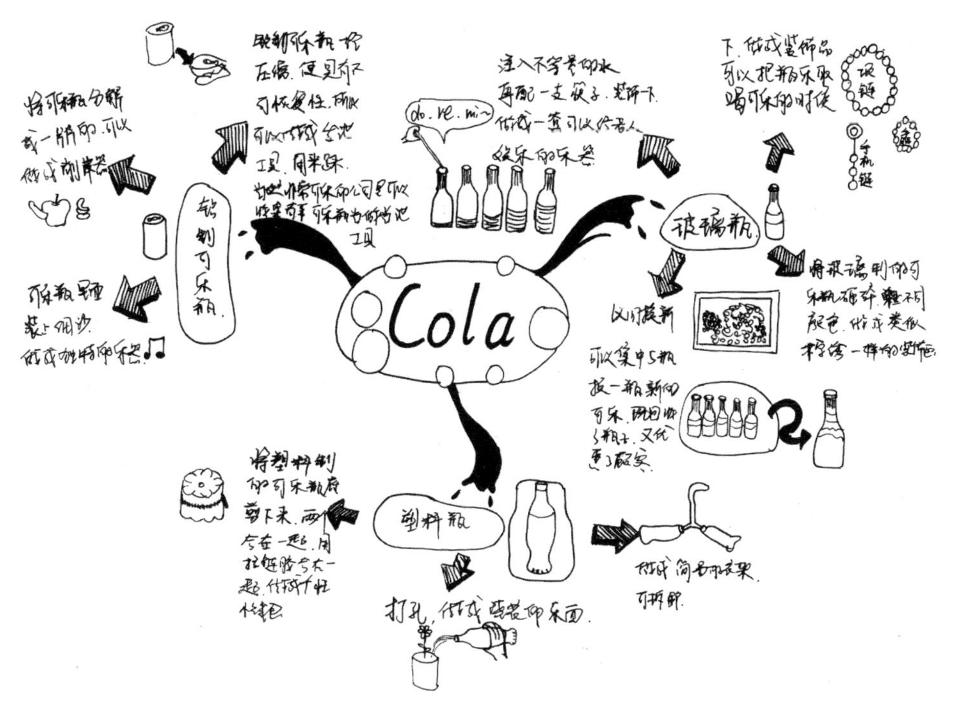

图4–17　可乐瓶的用途（作者：王相洁）

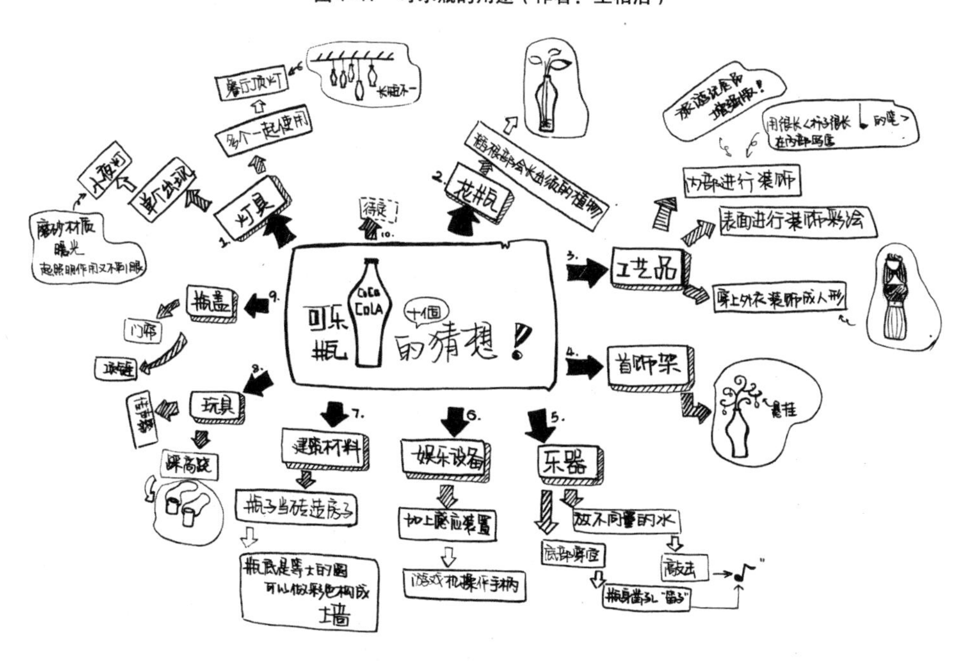

图4–18　可乐瓶的用途（作者：徐吉人）

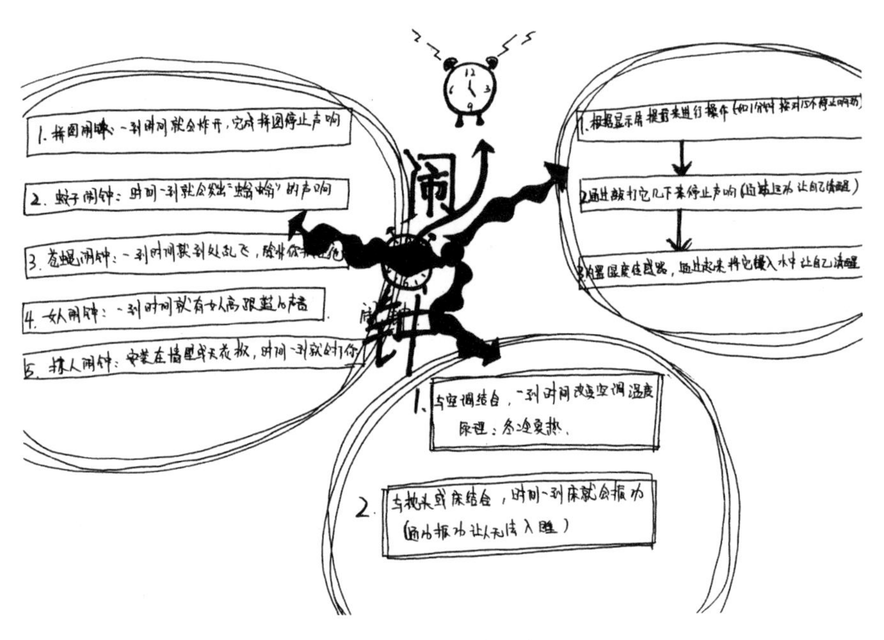

图4-19　闹钟（作者：李玥）

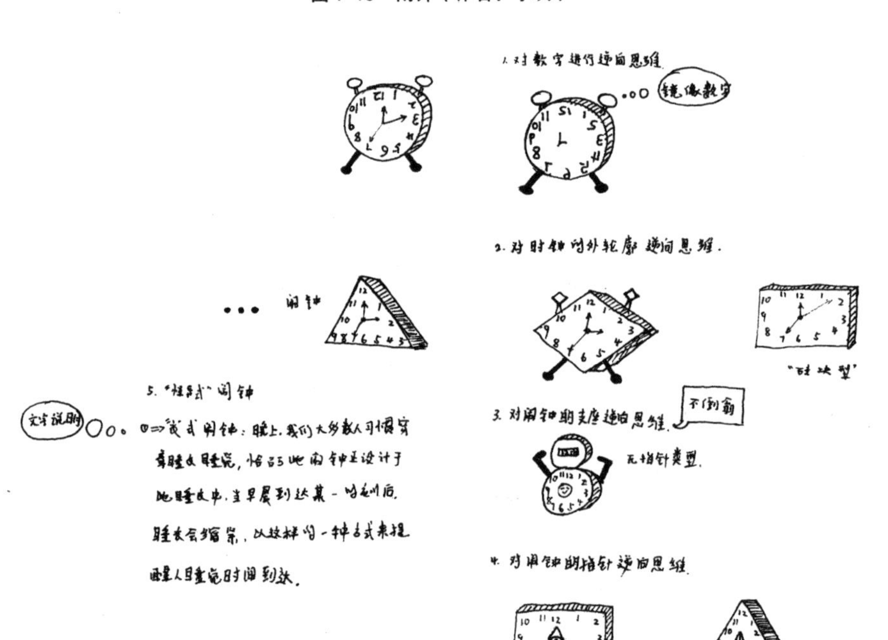

图4-20　闹钟（作者：郭兵）

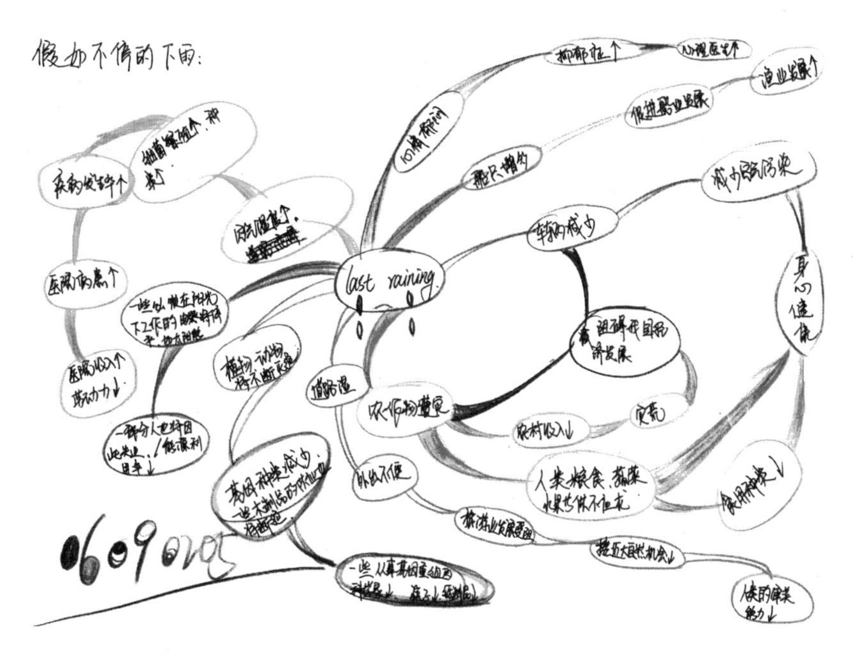

图4-21　假如不停的下雨（作者：王娜）

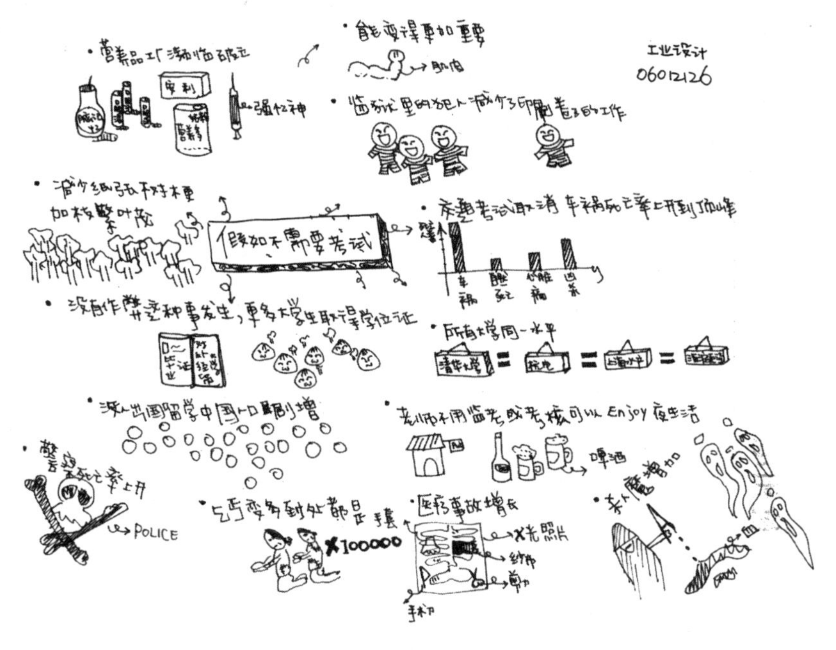

图4-22　假如取消考试（作者：田一禾）

4.3 头脑风暴

现代经济组织越来越重视“团队合作”，由于个人在经历、学识、专长等方面的差异，故很难独立解决难题，而由多人协作下就有可能成功，即所谓整体大于部分的整体效应。大文豪萧伯纳曾经说过一句名言：“如果你有一种思想，我也有一种思想。通过交流我们就拥有两种思想”。这句话点明了交流的重要性。但是，这种交流的有效性有时候是需要条件和一定的环境。一堆人在一起讨论问题有时比一个人想问题更没效率。被誉为创造学之父的美国人亚力克·奥斯本在20世纪50年代就发明了“头脑风暴法”。其用途是激发集体智慧、提出创新设想，为解决某个问题提供方案。就如本章介绍的逆向思考、横向思考等思维工具，都可以通过小组会议上使用，比其个人的苦思冥想，这种方式会得到更多的解决方案。

所谓“头脑风暴”，是一种“集思广益”的小组会，一般有5 ~ 10人参加，其中有一位主持人和一位记录员。主持人首先要简要说明议题、要解决问题的目标以及会议规则，包括畅所欲言、不准批评、追求方案的数量等。然后组员针对同一个问题轮流提出意见，而最为重要的是一个意见往往会引发更多的意见产生。因此，奥斯本作过这样的描述：“让头脑卷起风暴，在智力中开展创造。”这就是头脑风暴的魅力所在。

那么，头脑风暴为什么能激发创新思维？其理由有这几个方面：一是联想反应。联想是产生新观念的基本条件之一。在小组讨论中，每提出一个新想法，均能引发他人的联想，并产生连锁反应；二是热情感染。在不受任何限制的情况下，小组讨论问题能激发人的热情。自由发言、相互影响、相互感染，形成热潮，突破固有观念的束缚，最大限度地释放创造力；三是竞争意识。人都有争强好胜的心理，在竞争环境中，人的心理活动效率可以增加50%甚至更多。组员的竞相发言，不断地开动思维机器，组员都有表现独到见解的欲望；四是个人欲望。在宽松的讨论过程中，个人观点的自由表达，不受任何干扰和控制，是非常重要的。一条重要原则是不得批评仓促的发言，甚至不许有任何怀疑的表情、动作、神色。这就能使每个人畅所欲言，提出大量的新观念。

所以说头脑风暴的意义在于集思广益，为了保证这种方法发挥作用，参加头脑风暴的小组人员必须遵守的四个原则：

（1）畅所欲言——小组成员不应该受任何条条框框的限制，放松思想，让思维自由驰骋。从不同角度、不同层次、不同方位，大胆地展开想象，尽可能地标新立异、与众不同，不要担心自己的想法是错误的、荒谬的，甚至是可笑的；

（2）延迟评判——在讨论现场不对任何设想作出评价，既不肯定、又不否定某个设想，也不能对某个设想发表评论性的意见。一切评价和判断都要延迟到会议结束以后才能进行。这样做一方面是为了防止评判约束与会者的积极思维，破坏自由畅谈的有利气氛；另一方面也是为了集中精力先开发设想，避免把应该在最后阶段做的工作提前进行，影响创造性设想的大量产生；

（3）追求数量——获得尽可能多的设想，追求数量是头脑风暴的首要任务。组员要抓紧时间多思考、多设想。至于设想的质量问题，自可留到会后的设想处理阶段去解决。在某种意义上，设想的质量和数量密切相关，产生的设想越多，其中的创造性设想就可能越多。

（4）引申综合——头脑风暴小组会不仅把各自的想法罗列出来，还是一个激荡，催生新想法，获得更多更好方案的过程，因此要鼓励小组成员对他人已经提出的设想进行补充、改进和综合。

奥斯本认为："作为创造性教育的补充，我们应该把集体头脑风暴法视为一种教学方法，这种教学方法有效地培养了人们的创造才能，并且有助于人们的思维。通过参加头脑风暴会议，不论是在个人努力还是在集体工作中，人们都可以提高自己的创造才能。"①

练习25：体验头脑风暴

要求与程序：以小组为单位，随机分发一件物品（纸杯、螺丝刀、榔头、饮料瓶、折叠伞、手电等），要求提出100种用途；小组成员轮流提出饮料瓶各种用途的想法；每一位成员的想法又不断启发新点子；从思维发散的众多想法中选出最佳点子；小组代表向全班同学陈述演示最佳想法；投票评选最具创意的想法。

---

① 余华东 . 创新思维训练教程 [M]. 北京：人民邮电出版社，2007：91.

图4-23　以小组为单位进行头脑风暴体验

图4-24　小组成员提出饮料瓶各种用途的想法

图4-25　每一位成员的想法又不断启发新点子

图4-26　从众多想法中选出最佳点子

图4-27　小组代表向全班同学陈述、演示最佳想法

图4-28　投票评选最具创意的想法

图4-29　纸杯用途的答案

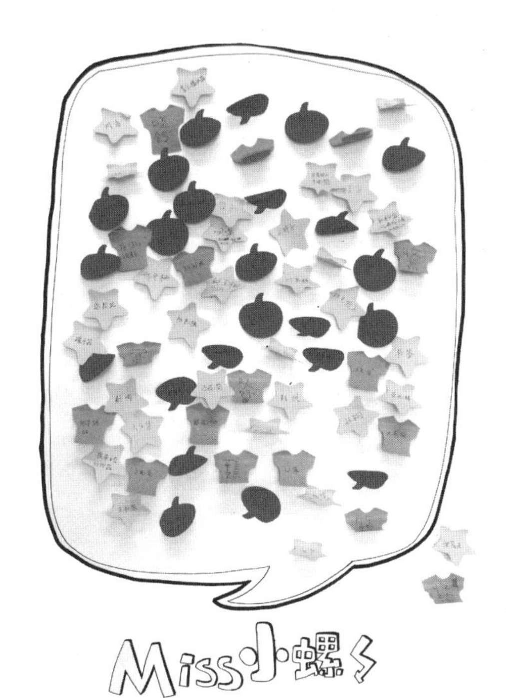

图4-30　螺丝刀用途的答案

第5章 发现可能

（1）教学内容：设计实验和发现可能的方法。

（2）教学目的：1）提高感官知觉能力，学会用视觉思维方式进行观察、联想和设计制作；

2）在提高观察思考能力的基础上，提升视觉表达能力。

（3）教学方式：1）用多媒体课件、示范作品做设计实验和方法陈述；

2）学生以小组为单位组成课题组，对各种可能性进行尝试；

3）教师对每个团队的实验过程、结果作适当的指引和评价。

（4）教学要求：1）教师要促使学生成为一个自主的探寻者，鼓励学生作各种大胆的尝试；

2）利用课外时间到小商品市场、建材市场作调查、采购，在教学实践用于讨论和教师的辅导；

3）学生要利用大量的课外时间去图书馆、互联网搜寻、查找有关资料。

（5）作业评价：1）不以成败论英雄，但要体现思考过程和思维质量；

2）对材料要有新的发现，并能充分的表达；

3）独创性、新颖性和审美性。

（6）阅读书目：1）柳冠中.综合造型设计基础[M].北京：高等教育出版社，2009.

2）[美]理查德·福布斯.创新者的工具箱[M].北京：新华出版社，2004.

3）叶丹、孔敏.产品构造原理础[M].北京：机械工业版社，2010.

5.1　可能性

前几章讨论的是设计思考方法，或者称为思考工具，这些方法和工具本身不能产生解决问题的方案，但可以帮助寻找解决方案的可能性。譬如说：

对这件事还有其他的选择吗？

这个问题还有其他的答案吗？

这个项目还有其他的设计方案吗？

"可能性"是一个非常重要的概念！研究、设计、探讨、实验等，都是寻找事物潜在的可能性的过程。现实生活中，在解决问题的初期就能找到一种看起来令人满意的答案并不多见。如果努力寻找的话，可能会发现更多选择的可能性。设计，从某种程度上讲，不是在寻找最佳答案，而是寻找"比较适合"的可能性。也就是说，设计不存在唯一正确的方案。

我们一般把设计定义为问题的求解过程，和做数学、物理题目一样，也是寻求解题思路、解题途径的过程。在做物理题时，将已知条件代入一个或多个公式，推导出未知数，这是我们熟悉的中学物理的解题程序。那么设计的求解过程是怎样的呢？譬如设计课题是儿童剪刀，如制造商的生产能力、技术条件，可供选择的材料，小学生手工课使用工具的安全要求，小学生对手工工具色彩造型的认知等，我们的设计问题就是在分析已知条件的基础上，去解决如何选择合适的材料、色彩、造型、尺寸以适合儿童对剪刀的需求问题，儿童在剪刀使用过程中的安全问题，以及携带、储存、包装、运输等问题，就如同物理解题利用的推导公式一样，将这些问题纳入于一个产品服务体系中，最终形成相应的设计方案。在这个设计过程中，实际上是解决使用者与产品的关系，以及各种因素之间关系的可能性。问题是设计的出发点，解决问题的途径形成设计的总体思路。

借用物理概念是因为物理解题与产品设计求解思路是一样的。不同的是物理题只有一个正确答案，设计没有唯一答案。按照程序进行设计，最终获得的一个或多个设计结果只有较好与不好之分，而没有正确与错误之别。

好，我们就从练习21的基础设计课题做起，来寻找设计的可能性和可能的设计。课题名称是"连接"，要求寻找合适的材料设计一种新的连接方式，但不能使用胶粘剂。所谓合适的材料，其含义是作为学生，在能力范围内能得到的、容易加工的、廉价的、安全的等，所以把金属、硬质材料、贵重的材料排除在外。在这个前提下对可获得的材料作"可能性"的尝试，其中包括各种纸张、泡沫塑料等，在文具店、小商品市场能采购得到。

课题要求在不使用胶粘剂的前提下，使两种材料连接起来并能方便拆卸，实际上是要求设计一种“易拆易装”的连接构造。设计要点应该体现在结构巧妙、简洁，用材合理，连接可靠，拆卸方便，方便加工等方面。如图5–1所示，作者通过对构件的精心设计（以卡纸为材料），操作者只要通过一个简单的旋转动作（45°）就能把两块塑料板和连接件本身牢固地连接成一个稳定的整体，拆卸同样方便。这种结构的优势是对材料特性要求不高，构件之间的磨损也较小。如图5–2所示，作业是通过对KT板上燕尾槽的设计，使瓦楞纸定型为三角柱，增加了整体构造的强度。燕尾槽恰到好处地起着“握”的作用，两种不同材料的连接和整体的形式感在这个作业上得到了和谐统一。而且安装拆卸都很方便，整体构造稳定可靠。如图5–3所示，作业借鉴了拼图的基本形，变二维拼接为三维构造。其特点是一个基本型板材互相吻合成一个稳定的结构，这是一个探索性的结构设计，深入研究就可以开发出新型的折叠展架。这种展架的优势是两块展板间不用传统的铰链连接就能竖立起来，现场安装拆卸不用工具就能完成，非常适用于现代商贸展示活动。

这三个作业的优点是充分发挥了材料的特性，在“易装易拆”的构造设计上恰到好处。值得注意的是，构思设计的过程不是靠计算、推理出来的，而是手上拿着材料和工具（剪刀）不断尝试，寻找各种连接的可能性（图5–4）。

连接构造的经典作品应该是中国传统玩具“孔明锁”，相传是三国时期诸葛孔明根据八卦原理发明的玩具，来源于中国古代建筑独有的斗栱结构（图5–5）。建筑师和设计师常常把对孔明锁（或称孔明榫）的研究纳入自己的专业研究范围。对孔明锁原理研究的学科涉及几何学、拓扑学、图论、运筹学等多门学科。“孔明锁”设计要点是三向度的连接，并且“个体”与“整体”可以自由拆卸与组装。需要注意的是：材料、结构、形态是一个“系统”的概念：材料决定连接的方式，连接的方式决定结构，结构决定最后的形态，而形态是由材料的特性决定的。这几个元素是互为因果，不能用主观上自认为好看的材料“硬套”在某个结构中。所以设计构思的过程就是在这几个元素里寻找各种组合的可能性。即使是所谓的经典作品也不意味着“唯一”，孔明锁本身就有三柱、六柱、八柱、九柱之分，每一种柱式又有多种形式。利用孔明锁原理可以设计出各种不同材料、不同构造的“孔明锁”（图5–6）。

连接的课题既是基础造型训练，又是在现有条件下寻找可能性的思维练习。

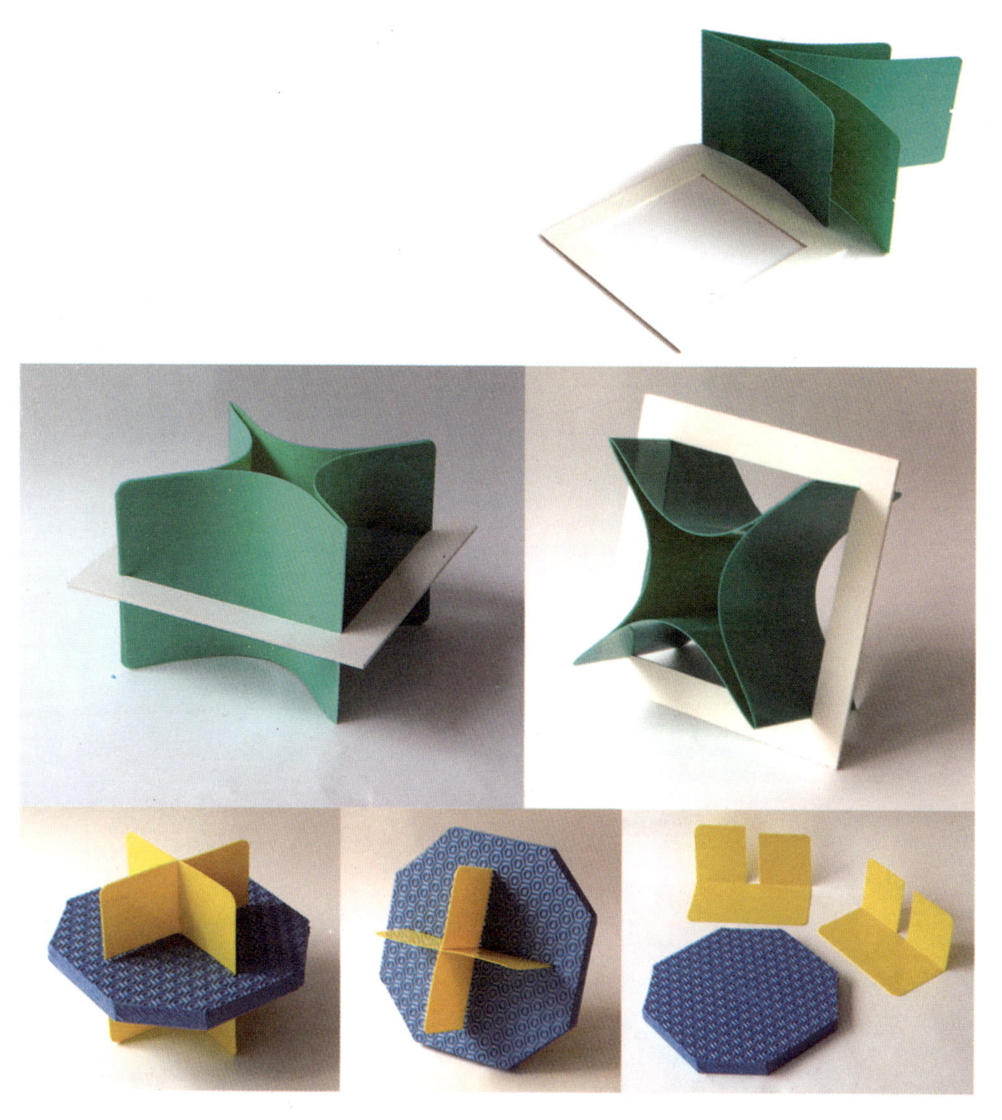

图5-1　连接1（设计：郑书洋、陈强）

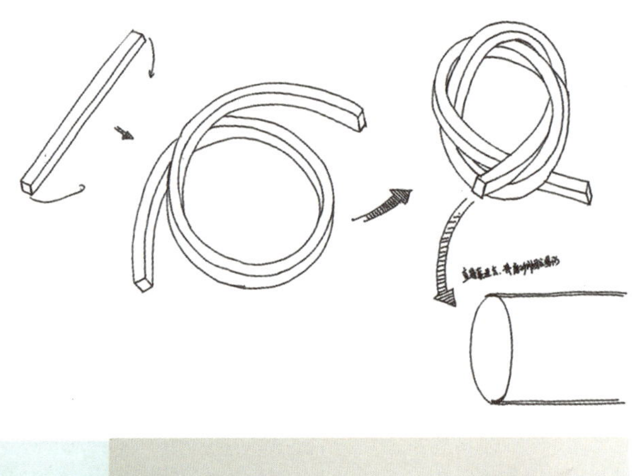

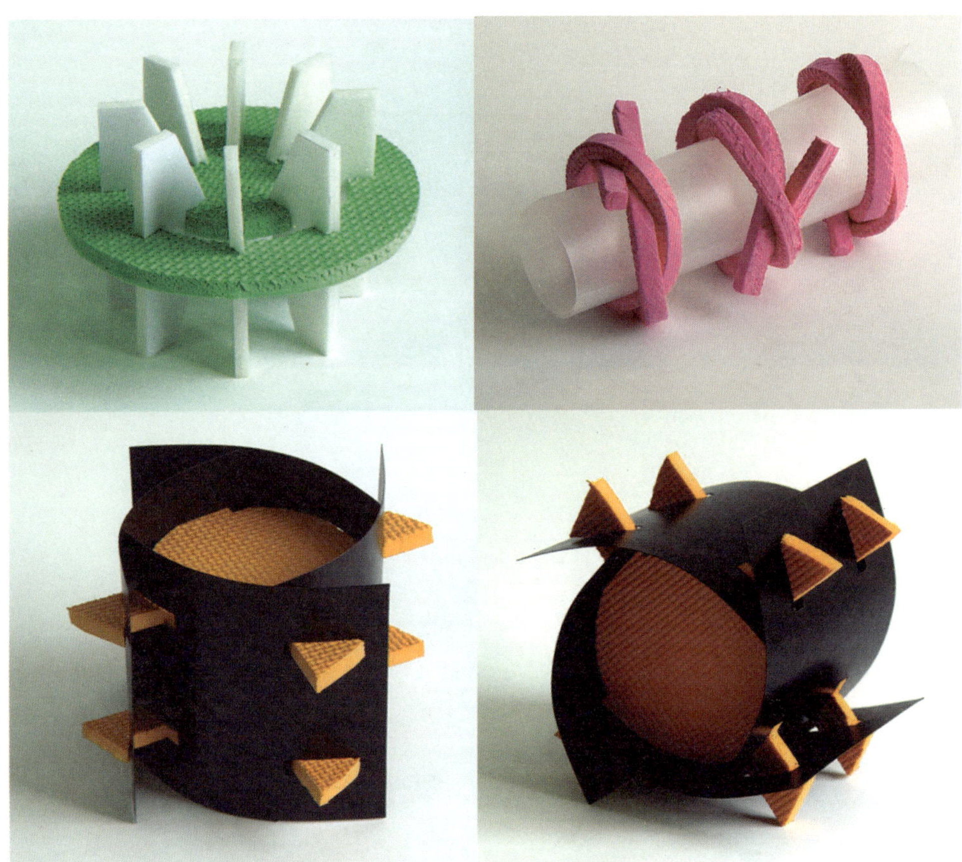

图5-2　连接2（设计：王蕾华、李军、陈哲明）

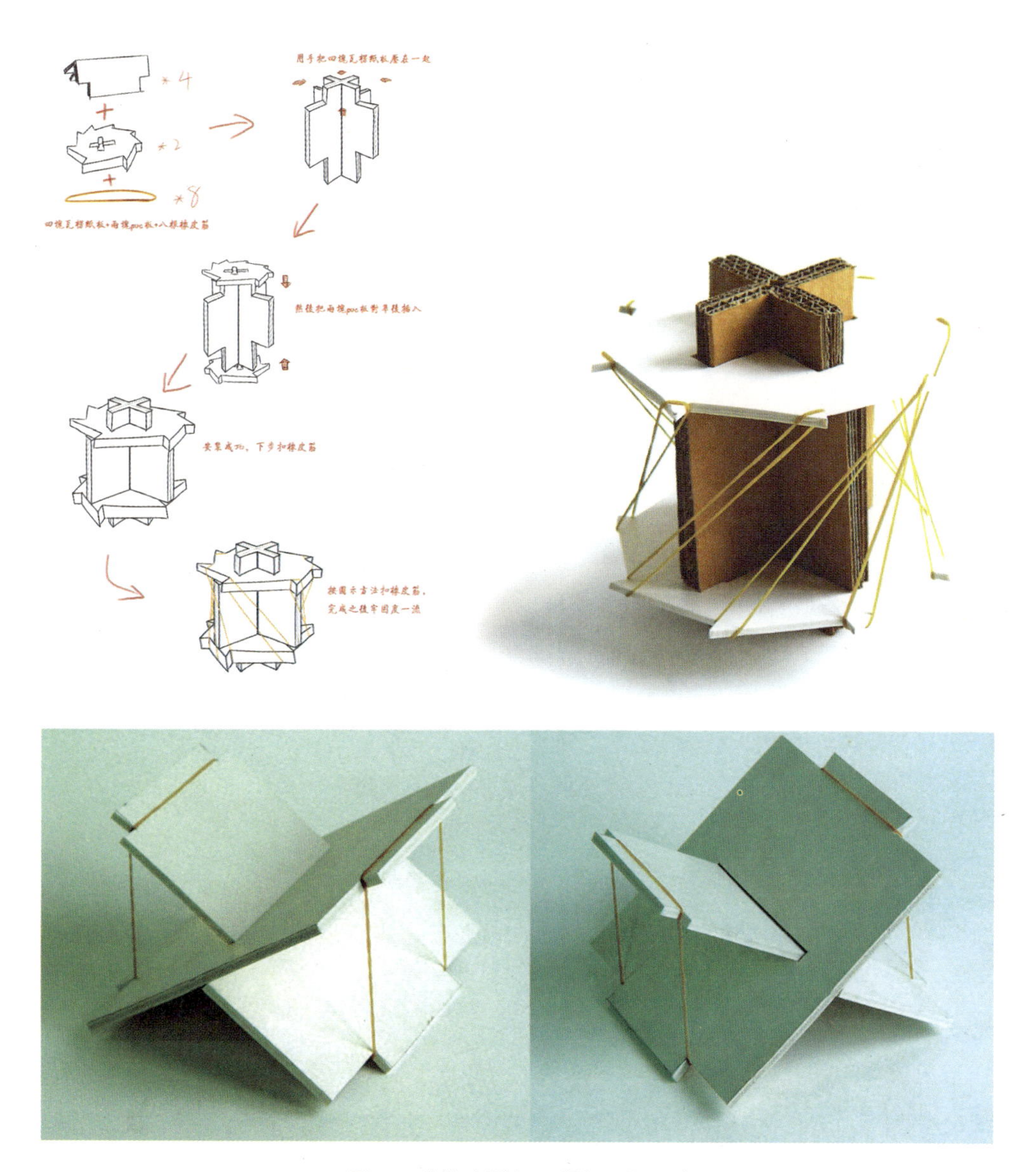

图5-3　连接3（设计：王贤凯、吴立立）

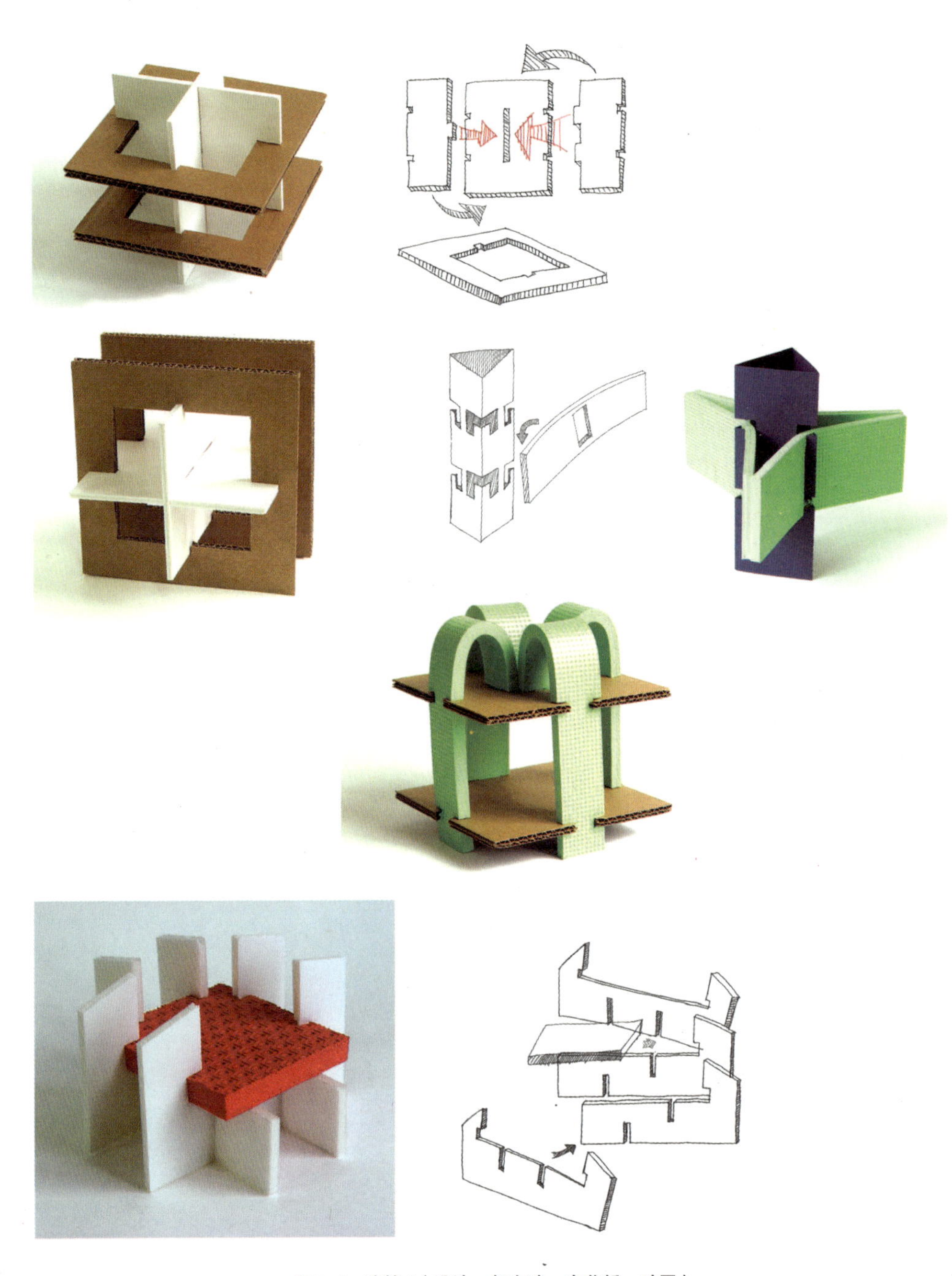

图5-4　连接4（设计：赵安琦、南蕴哲、叶磊）

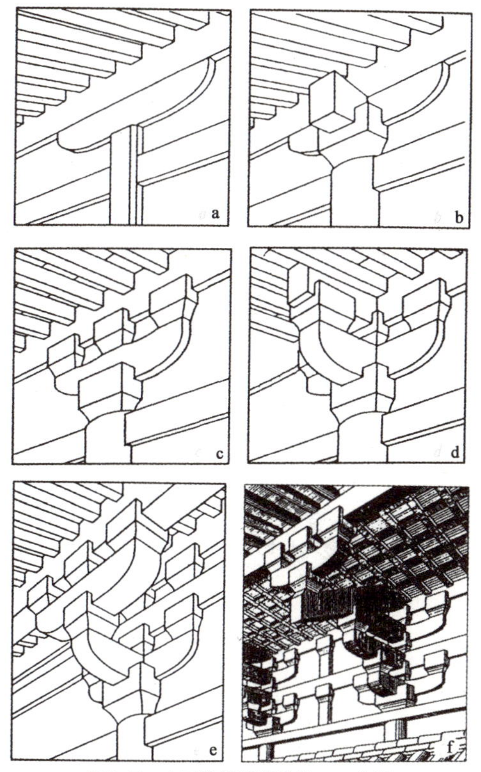

图5-5　中国传统建筑结构——斗栱

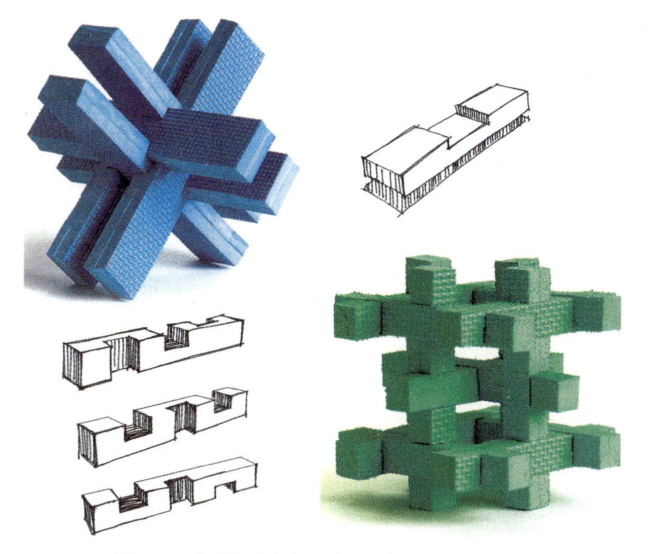

图5-6　孔明锁设计（设计：郑书洋、上官长树）

同学们的作品基本上达到了课题要求，由于没有一个统一的标准答案（永远也不可能有标准答案），那么如何来评价设计作品同样没有统一标准。一般认为大师的设计作品往往有与众不同的创新特色，譬如善于运用创造性思维去解决问题等等，以“创造性的解决问题”作为判别标准，这就点出了设计的本质。

练习26：连接

要求：寻找合适的材料，设计一种创新连接（连接方式不得使用胶粘剂）；首先要确定基本形，基本形之间必须能自由拆卸，并能组合成一个结构稳定的整体。要充分研究材料特性与形态连接的可能性；样本设计：内容包括构思过程、连接示意图和模型照片；模型尺寸：16cm × 16cm × 16cm范围之内。

5.2 形的构造

任何物质都具有一定的形态，小到细胞大到宇宙。

《辞海》中对“形”的定义：形状、形体、样子、势、表现、对照，可以具体到长、宽、高的尺寸概念。设计最终是一种“形的赋予”活动，作为初学者要从形态学的概念入手，来认识自然形态与人工形态，以及形态创造的物质、技术基础——构造。德国诗人兼博物学家歌德是最早提出形态学的概念的，他认为要把生物体外部的形状与内部结构联系在一起进行考察，通过对动、植物的机体构造及其外部形状的关系，来了解它们的不同类型和特征。所以，我们在课程初期就做了生物考察之类的练习。

所谓“构造”，是指物体的各组成部分及其相互关系。比如自然界的生物，都有一套各不相同的生物构造来保持其生命状态：一个鸡蛋、一只蜂窝或者一面蜘蛛网，看上去很脆弱，在大自然的风风雨雨中，却能保持其形态的完整性，这就得益于各自合理的生物构造。生物构造的多样性是自然界“物竞天择”的结果。比如“橘子”，一件完美的自然杰作（图5-7）。鲜艳的橘黄色和特殊质地的表皮，不仅能吸引人的眼球、引起人的食欲，还具有防止日晒雨淋和水分蒸发的功能；内层海绵状的白色纤维组织保护着最里面的果汁、果肉，同时对外来的寒暑起到隔热的防护作用；果汁、果肉被安放在一个个的橘瓣中，就像超市里的小包装食品；最

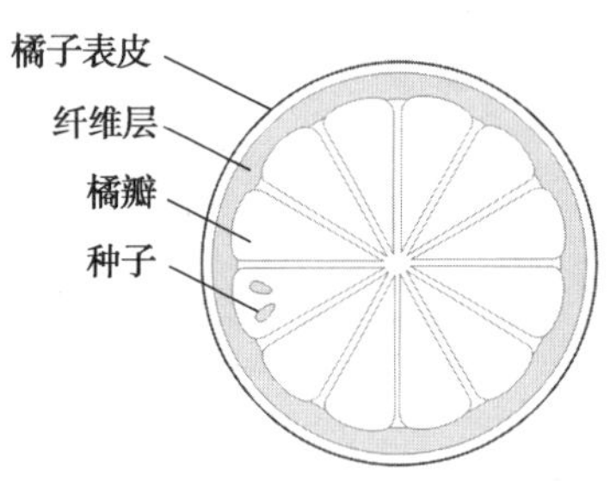

图5-7　橘子的构造

重要的种子则被保护在瓣囊中，不会轻易受到损伤。我们是否觉得在一个“橘子”里面具备了现代商品设计的全部要素？

再看鸡蛋，椭圆是最美的自然形态之一，并且具有方便产出的功能；材料为碳酸钙的蛋壳具有良好的防护功能；蛋壳上密布的气孔便于通风，为气室提供充足的氧气；流动的蛋白起着缓冲的作用，便于蛋壳自由的滚动，以免受到损伤（图5–8）。从生物学角度看，橘子和鸡蛋之所以是现在这个模样，完全是自然界物种进化的结果，不具备上述功能，或者是生存优势，这些物种就不会延续到今天。我们从中了解和分析生物的生存优势，是为了研究这些优势背后的支撑因素，从而运用在专业设计上。

观察一下人造产品。比如灯泡，和鸡蛋具有同样性质的是，外表坚硬，里面脆弱。如果我们有过在商店里购买灯泡的经历，就会发现单个灯泡的包装是最普通的纸盒包装，没有更多的保护性结构设计，为什么？而陈列在货架上的灯泡都是五个一组用塑料薄膜封好的，拿起一组灯泡包装时就会发现其整体强度增强了许多。仔细想想这是灯泡的商品性决定的：灯泡是一种廉价商品（1元/个），由于价格的限制，制造商不可能在包装上花费更多的资金。但灯泡又是一种易碎品，在运输中极易破损（像鸡蛋），当5个纸盒包装用收缩膜包装成一体时，每个纸包装的两侧成了整体的加强筋，所以强度大大增加，在运输中起到了很好的保护作用（图5–9）。从中我们可以看出，在商品设计中，经济性原则往往是首先要考虑的。

自然界中的哺乳类和脊椎类动物都是依赖骨骼承载着自身的重量。生物进化的规律是，越是高级的生物，骨骼就越复杂。就像各种生物有着不同的骨骼，不同的产品也有着不同的构造。照相机和汽车的功能截然不同，其构造也大相径庭。

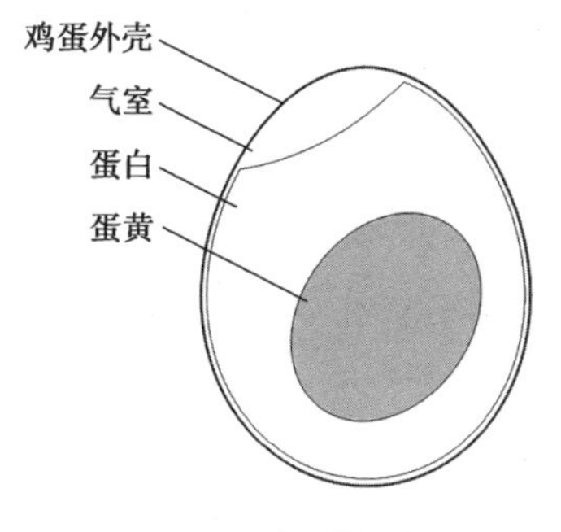

图5–8　鸡蛋的构造

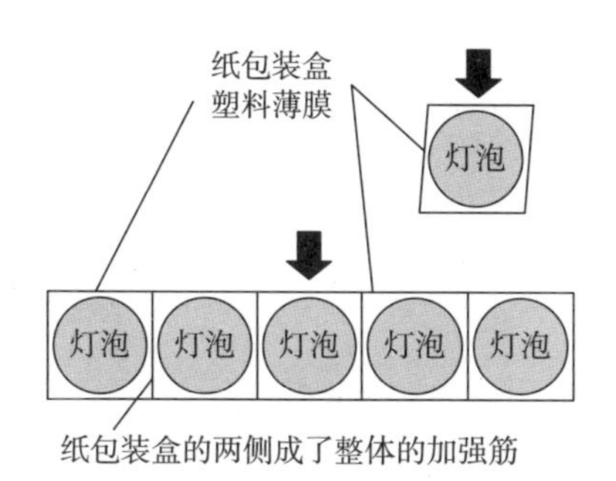

图5–9　灯泡包装结构分析

没有构造，也就没有产品形态。研究构造，首先要研究它的机能以及构成形态。

一件好的产品应该是且必须是技术与艺术的综合体，而不是“技术”加上“艺术”。产品中既有技术因素，也有艺术因素，并且两者在各方面都有关联，不能把技术因素与艺术因素分开处理。构造既是一种技术，也是一种艺术。如图5-10所示，为丹麦设计师汉宁森设计的“PH灯具”，是举世公认的功能、构造设计俱佳的艺术品。建筑师罗得列克·梅尔说得更为精辟：“构造技术是一门科学，实行起来却是一门艺术。”构造，影响产品的最终形态。

力学法则是构造美的重要基础，可以分为客观的物理的力和主观的心理的力（或称量感）。力的作用是一种物理规律，它由构造的形态、材料、重量等客观因素构成的，可通过计算过的物理的量；而力量感则是人的心理感觉。具体地说，人看到色彩灰暗的物体会觉得它比较沉重，看到色彩明亮的物体会感觉比较轻快，尽管这种感觉不一定与客观事实相符，通常物体的重量与构成该物体的材料有关，而与物体的色彩关系不大，但在日常生活中人们对事物的判断常常受心理感受所左右。

以“包装灯泡”为课题，是借“灯泡”的特性，来研究形的构造，以及材料与功能等因素之间的关系。该课题排除其商品性，是为了在课题的研究中便于排除对固有概念认识的局限，发掘其更深层的内涵并赋予全新的意义。在构思时，强调实验的意义，重点放在发现“可能性”上。可以从多种视角入手：尝试新的材料、生物仿生的角度、移植其他事物的结构等。

图5-10　PH系列灯具

课题要求将两个或多个玻璃灯泡包装在一起。既要保护灯泡，又要便于打开。如图5–11所示，将瓦楞纸折两下形成三角形，将两个灯泡稳稳的卡在一起，具有结构简练、省材的特点。有了好的构思以后，就要准确研究瓦楞纸的平面图，而且要经过计算，才能使材料合理运用在作品中。一个简单的方法：动手前测绘灯泡的各部位尺寸，制作一个1:1的灯泡的模板（图5–12），把设计稿1:1画在纸上，然后用灯泡模板放在图纸上进行推敲修改，确定各部位的平面尺寸（图5–13）。

图5–11　包装灯泡（材料：包装瓦楞纸）

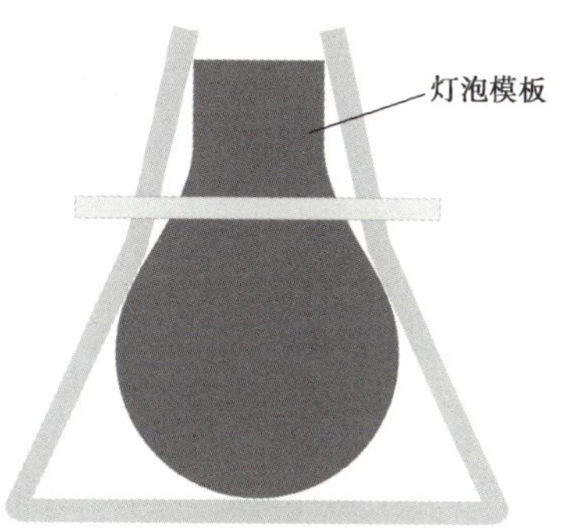

图5–12　制作一个灯泡模板

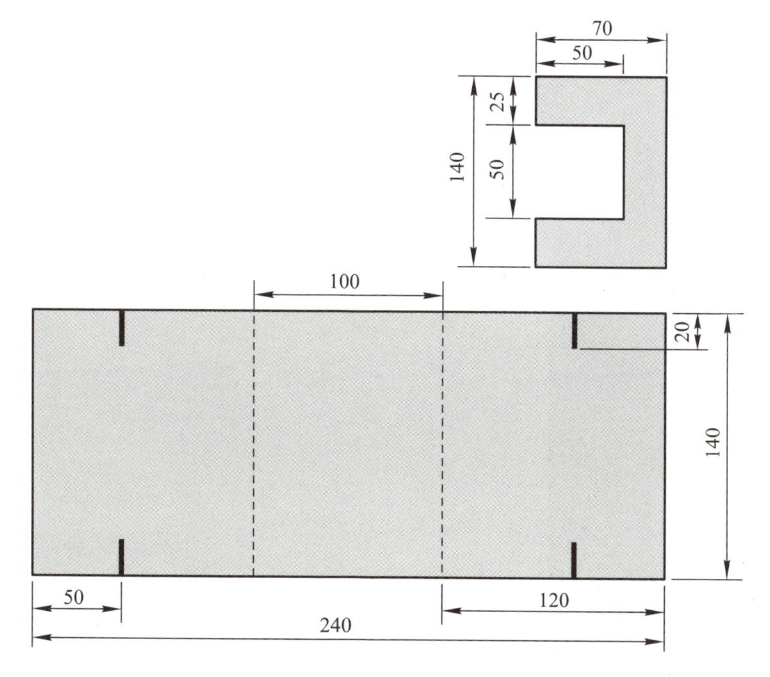

图5–13　包装纸平面展开图

如图5–14所示，结构从展示性和整体性上效果良好。作者最初的造型是用四块纸板卡住两个灯泡，结构上还算合理，但在视觉上有一种松松垮垮的感觉。经过多次试作，把主体纸板改成两个背靠背的“U”字形结构，视觉上、功能上的质量提高了许多。把一个普通想法发展成一个“好的创意”要经过反复试验。如图5–15所示，作品在材料选择上用了富有弹性、透明的塑料片，通过一个三角形的反弹力把两个灯泡固定在其中，从展示性、安全性上有很好的表现。如图5–16所示，作品将四个灯泡“埋”在一个稳定的井字形框架中，构思独特，结构稳定。

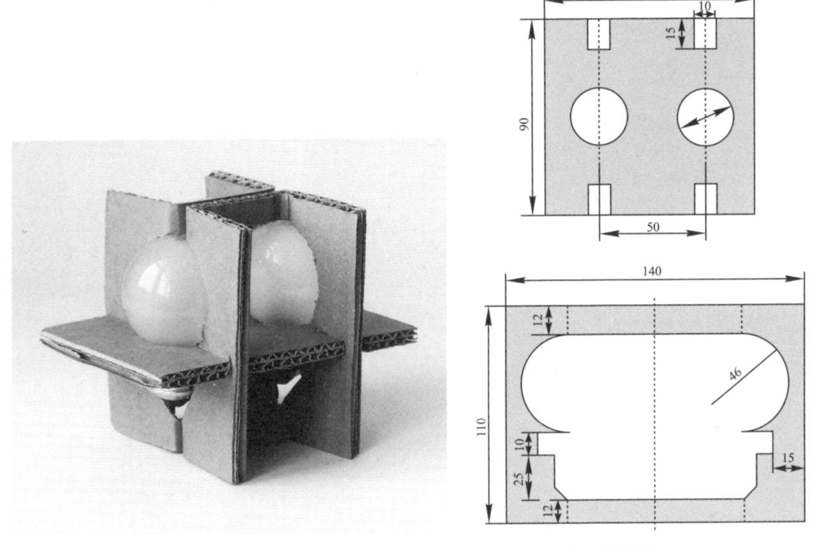

图5–14　包装灯泡1（材料：包装瓦楞纸；设计：陈强）

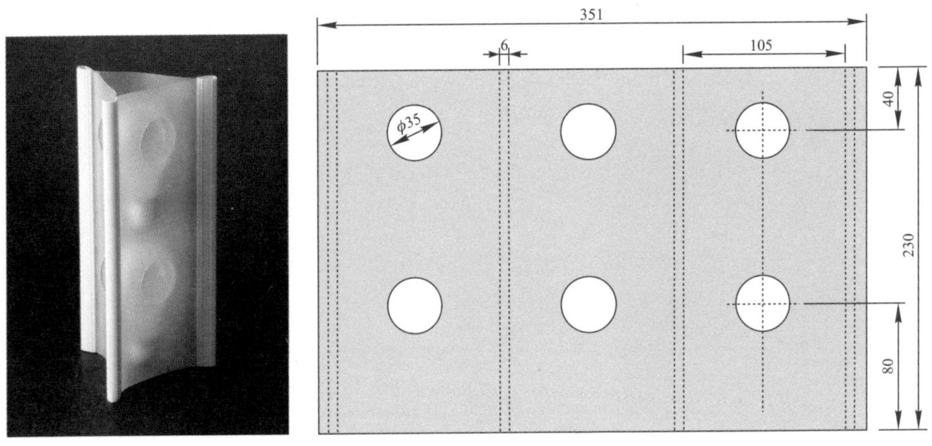

图5–15　包装灯泡2（材料：塑料磨砂片、塑料条；设计：吴立立）

练习27：包装灯泡

要求和程序：选择合适的材料将两个或多个玻璃灯泡包装在一起。既要保护灯泡，又要便于打开；具有安全性、展示性和美观性；本课题有三个设计要点：一是灯泡的定位，二是材料的选择，三是材料的连接；要充分体现材料特性、设计合理的插接结构。原则：省材、结构简练和巧妙；不作材料表面装饰，以材质和造型结构体现美感。

图5-16　包装灯泡3
（材料：KT板；设计：吴立立）

练习28：折叠

要求：以卡纸、塑料板为材料，设计与自己日常生活有关的日常用品；以“折叠”为结构特征进行机能造型设计并制作实物模型；要充分体现所选材料的物理和视觉特性，设计合理的构造，原则：省材、结构简练而且巧妙，不得使用胶粘剂；不作材料表面装饰，以材质和结构体现美。

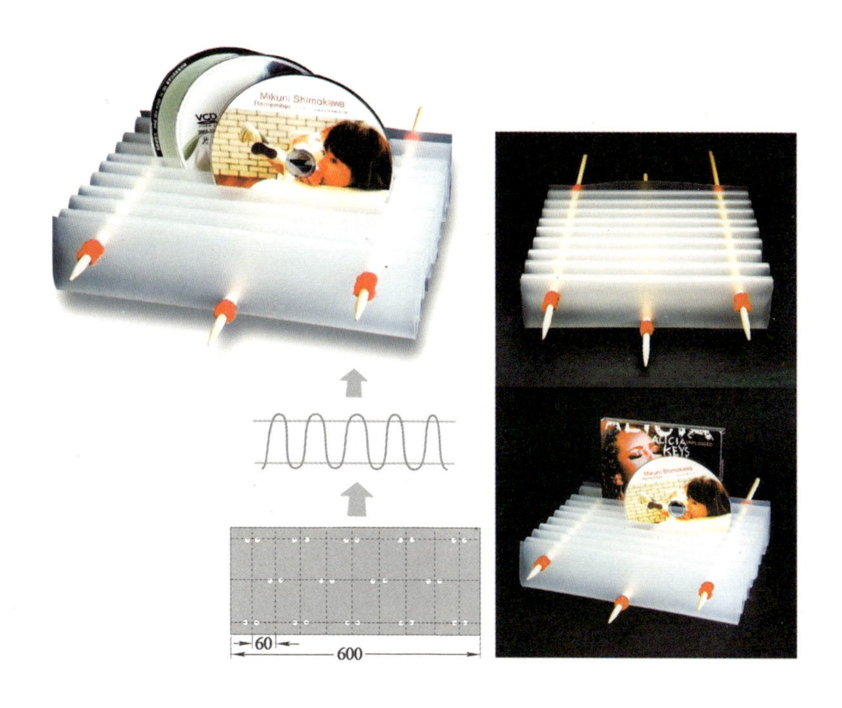

图5-17　折叠碟片架（设计：金赟）

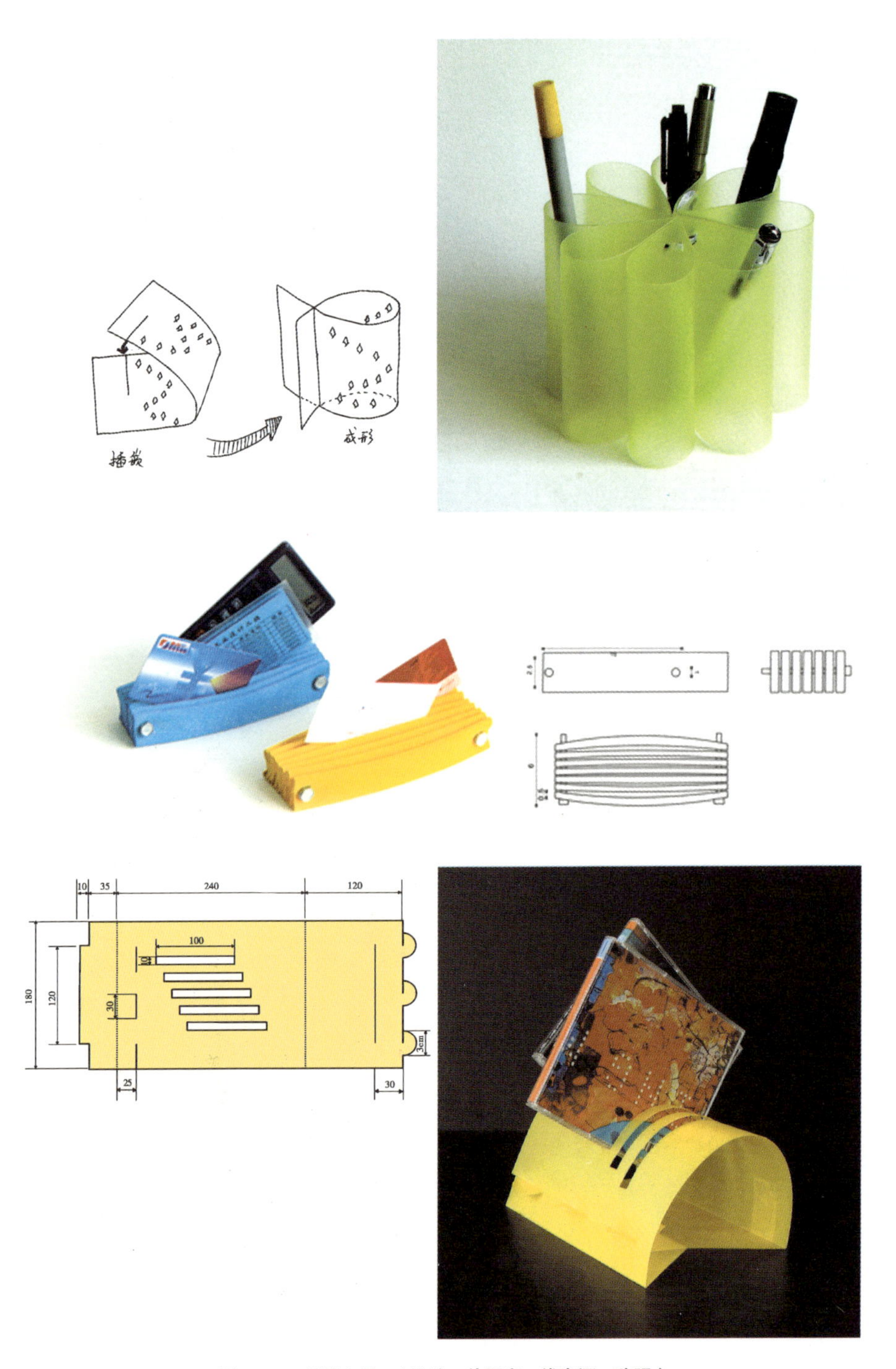

图5-18　折叠文具1（设计：徐周音、钱春源、陈强）

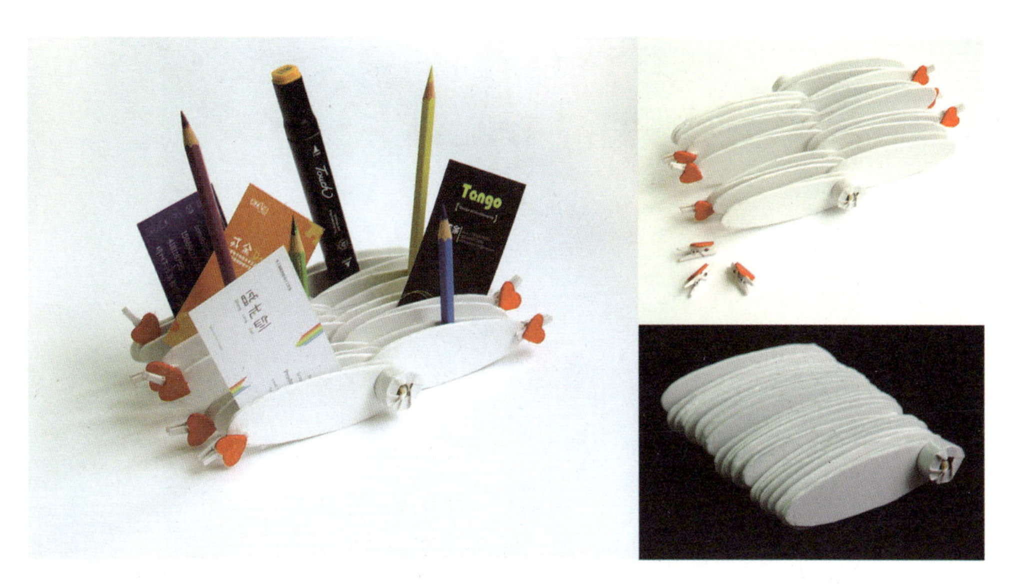

图5-19　折叠文具2（设计：邓森）

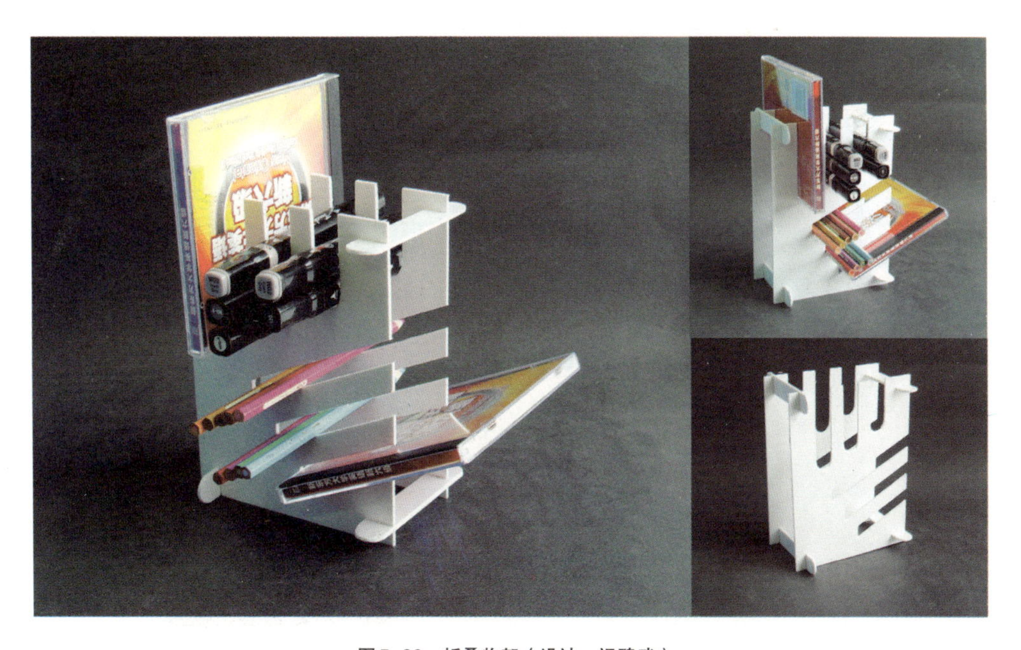

图5-20　折叠物架（设计：祝碧武）

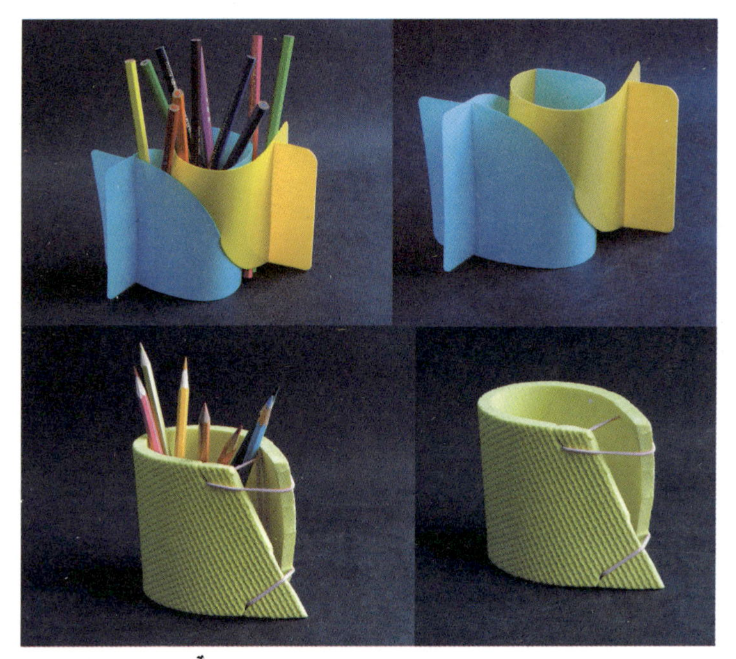

图5-21　折叠笔筒（设计：潘丽丹、李萍）

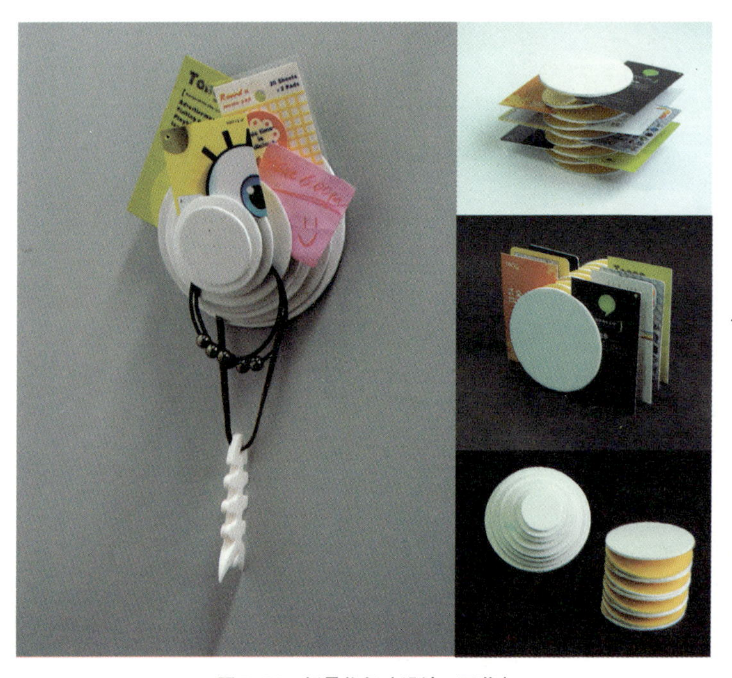

图5-22　折叠物架（设计：王莹）

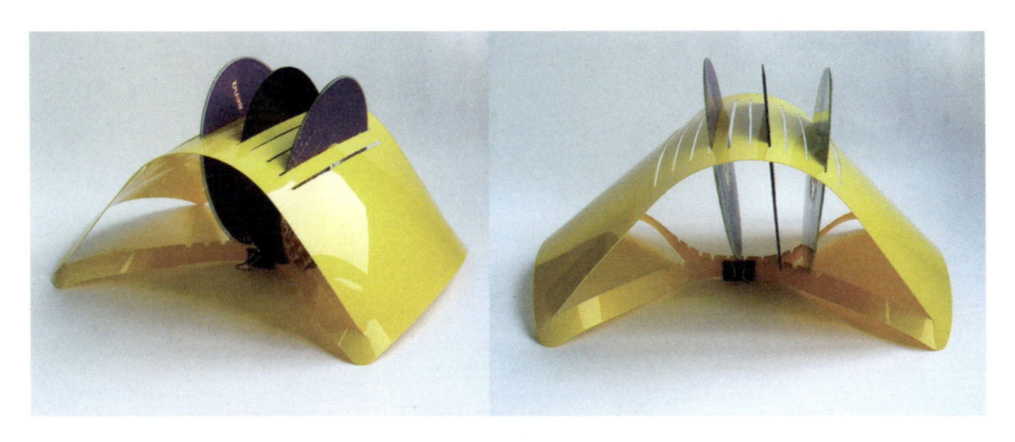

图5-23　折叠文具（设计：颜煦）

5.3　从实验开始

在中学的物理、化学课上，我们就开始学习做实验。但这些实验已被无数次的重复，其结果明确地写在书上。也许在我们从小形成的概念里，做实验就是要获得与书上一致的正确答案，与书上的结果不一样就是实验失败，还有被老师扣分的危险。但这些实验严格意义上讲不是真正的实验，充其量是一种演示，或者说是一种认知手段。实验本身应该包含着结果的不确定性，或者说存在各种可能性。现实中还有一种情况是，大学和研究机构为了争取科研经费，研究人员在做实验之前就对实验结果进行设定，这也不能算是真正意义上的科学实验。

其实，实验是向未知提问探路的一种方式。一般来说，在预设结果时都希望获得理想的答案。但是，没有出现预设的结果，只能证明我们还没有完全理解问题的实质。就像爱迪生为了找到灯泡中的发光体，他尝试使用了1600多种材料，才找到了金属钨丝。仔细想想，1600多种材料是什么概念？我们能想到的、想不到的爱迪生都尝试了，在成功之前他一直在修正以前所做材料的预期效果，没有前面一千多次的失败就不可能有最后的成功。其实，这一千多次尝试不能被认定为是失败，至少尝遍了各种可能性。也许某种材料在灯泡中不能使用，在其他什么地方就可以用得上。

不要以为科学研究需要通过一系列实验来验证某个论点，产品设计不全是依靠草图、三维效果图，有些产品的构造设计起主导作用，譬如折叠自行车、遮阳伞等，在设计过程必须经过不断地实验才能完成最终的设计。举一个“家用手动果汁机”设计开发的例子，从中可以看出实验在工业设计中的作用。当接到手动家用果汁机设计任务之后，设计师首先考察了市场上已有的家用和专业果汁机，同时作了许多次榨橙子的实验，发现最好的榨汁机构造是专业的曲轴摇板加长臂杠杆，但专业的果汁机对于家用而言体积上过于庞大。于是设计师与工程师一起来解决这一难题：首先，以曲轴摇板为突破口，用塑料片制作一个平面的“卡式机构”来分析运动过程（图5-24）；接下来再制作一个三维的等比例泡沫模型，以此来测试杠杆和果汁机的底盘。然后请了多个年龄段、手形大小不一的人来对模型实验（图5-25、图5-26）。通过仔细观察实验过程，使设计师产生了一个倒转的曲轴摇板构造，这一创新构造的优势在于：在不损及原构造优势的情况下体积上大为缩小；杠杆的支点置于产品的后面，以此来达到最大的力臂；稳定性则通过小底盘来维系，同时操作过程对于臂力有限的人来说也变得很容易（图5-26、图5-27）。

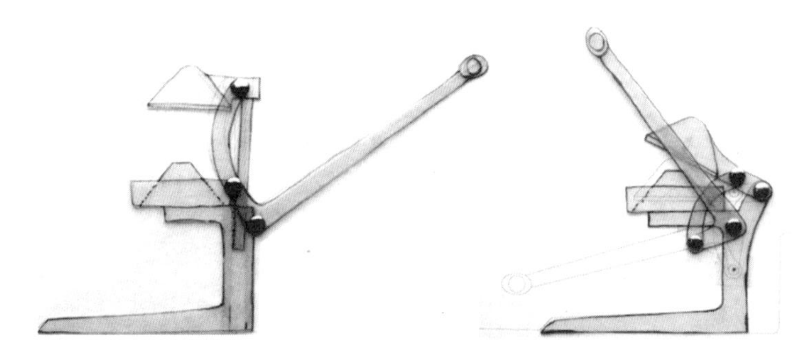

图5-24　对榨汁机曲轴摇柄的运动过程的研究实验

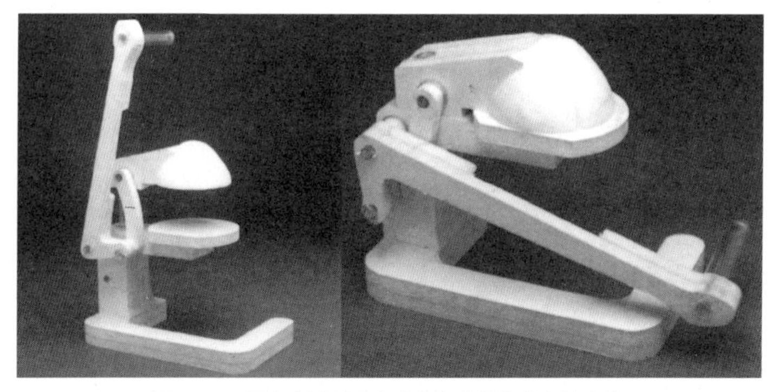

图5-25　用泡沫模型来实验和探求操作方向的变化

图5-26　通过实验来确定榨汁机各部件形态的尺度

图5-27　手动榨汁机

实验是培养设计初学者动手—观察—动脑的过程，可以发掘设计潜能，培养好奇心、激发求知欲。尤其是以互联网和虚拟技术为代表的高科技时代，在某种程度上让人远离“感知”而进入“虚拟”的世界。做设计越来越依赖电脑，将人对触觉的认知压缩到薄薄的一层晶片。由此带来的后果是未来的设计者没有时间和机会去体验生活中的细微的知觉感受。设计史上最具盛名的包豪斯学院，在设计教育中最重要的举措就是成立了各种设计实验室。在看起来设备并不精良的实验室里，诞生了日后成为经典的设计作品：钢管框架的椅子、可调节的台灯、住宅建筑里部分或全部采用的预制构件等（图5-28 ~ 图5-31）。更为重要的是，任何一种构想都可以在实验室里得到尝试——从大规模建造的房屋原型到奥斯卡 · 施莱莫的实验性芭蕾舞；从格罗皮乌斯为包豪斯新大楼所作的透明包围式设计到莫霍利 · 纳吉在淡色的蒸汽云上投射电影图像的计划；还有康定斯基和保罗 · 克利的抽象绘画等。当今中国内地的设计院校所开设的平面、色彩、立体构成课程，也都来源于90年前约翰·伊顿等人的那场基础教学实验。

练习29作为一个实验课题，要求设计一个不依靠电池、燃油等石化能源，而寻找其他方法来驱动小车的设计。可以在驱动原理、制作材料、加工手段等方面的作可能性设想，并把需要解决的问题和设计方案列成一张表；把可行性方案进行试验并制作草模；修改完善设计方案；并在教室里作演示（图5-32 ~ 图5-38）。

练习29：无碳小车——设计并制造一种不需要能源驱动的小车。

要求和程序：分组讨论弹力驱动各种可能性；在图书馆、互联网上查阅有关车辆制造、车辆设计史等方面资料；注意不要使自己的思维固定于某一模式中；必须使用条件许可的材料与加工手段来设计制造。注意材料、造型、色彩、功能和机构设计之间的关系；至少能移动1m距离；尽可能采用“视觉上新颖”的材料制造；尺寸控制在300mm × 300mm × 300mm范围内。

图5-28 包豪斯的基础课程实验室

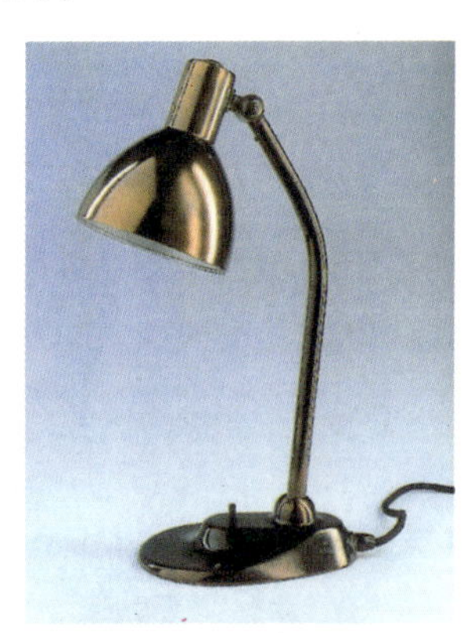

图5-29 包豪斯学生玛丽安布朗在灯具实验室设计的作品（迄今还在生产）

图5-30 包豪斯学生布鲁尔的探索性作品

图5-31 包豪斯学生布朗特在金属实验室设计的金属茶壶

图5-32　现场演示

图5-33　重力驱动（苹果自由落体）（设计：郭正星、朱虹珍、郝振珧、王文娟、马小楠；材料：有机板、轴承、伞把、苹果、棉线等）

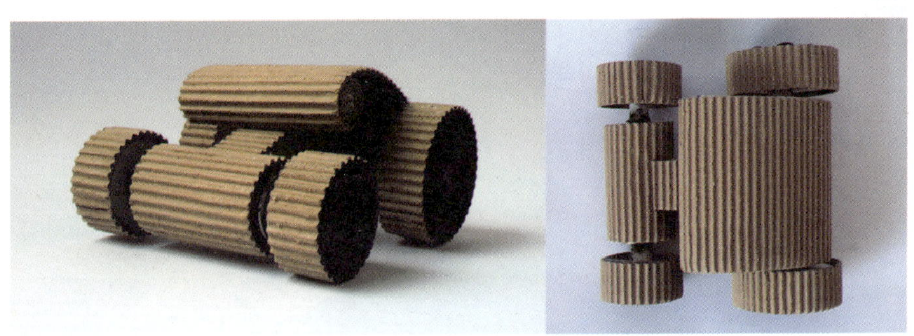

图5-34　弹力驱动（钢卷尺）
（设计：贾萌、高有富、林恒波、沈伟航、王凯；材料：卷钢尺、钢管、瓦楞纸、轴承、瓶盖等）

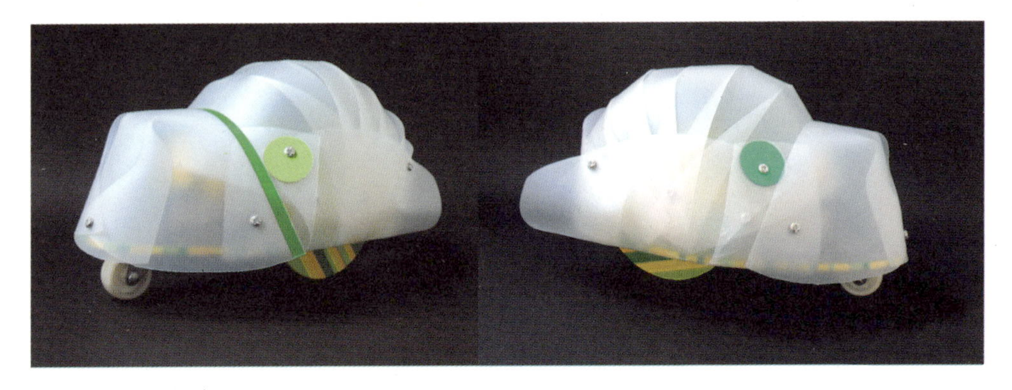

图5-35　弹力驱动（橡皮筋）
（设计：施齐、叶娅妮、沈也、王相洁；材料：塑料片、ABS板、玩具轴承等）

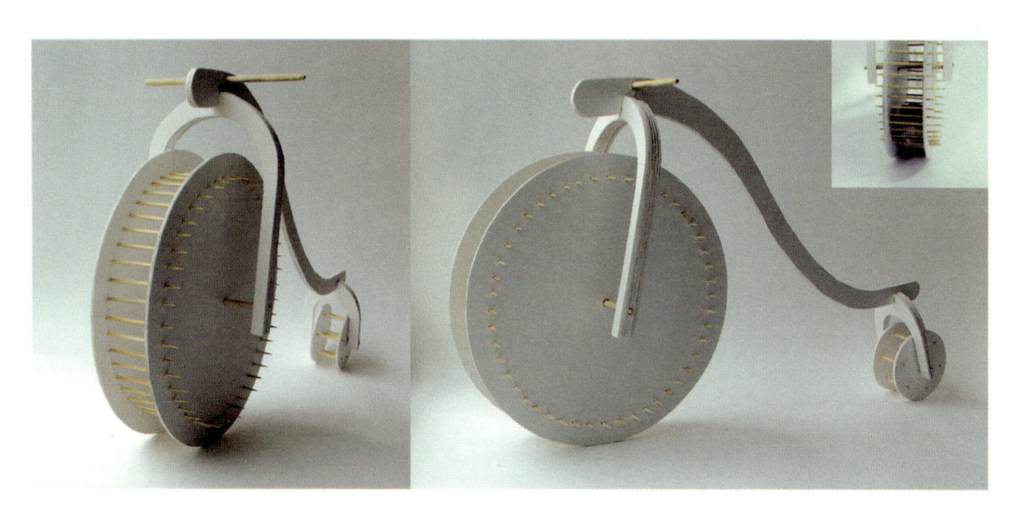

图5–36 生物驱动（小老鼠）
（设计：刘志恒、潘泽成、斯潇枫、王成峰、吴斌；材料：KT板、牙签等）

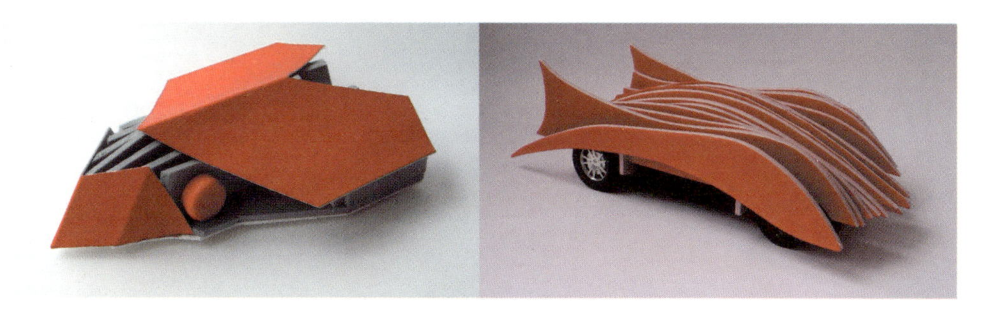

图5–37 弹力驱动（玩具发条）（设计：蒋科亮、林晓、鲍冲、刘万锋、钱露威、魏建华、张芬、俞梦娇、丁东栋、卞松涛；材料：卡纸、KT板、玩具车轮子、发条等）

图5–38 风力驱动（设计：沈崇辉、殷孙峰、祝碧武、冯春峰、王莹、杨百红、杨飞、张晶晶、邓森；材料：模型板、瓶盖、塑料板、玩具车轮子、竹签等）

参考文献

[1] [美]克莱尔·沃克·莱斯利、查尔斯·E·罗斯.笔记大自然[M].上海：华东师范大学出版社，2008.

[2] [美]Eric Jensen.适于脑的策略[M].北京：中国轻工业出版社，2006.

[3] [瑞士]皮亚杰.发生认识论原理[M].北京：商务印书馆，1997.

[4] [美]S·阿瑞提.创造的秘密[M].沈阳：辽宁人民出版社，1987.

[5] [美]R·H·麦金.怎样提高发明创造能力[M].大连：大连理工大学出版社，1991.

[6] [日]宫宇地一彦.建筑设计的构思方法[M].中国建筑工业出版社，2006.

[7] [美]Eric Jensen.艺术教育与脑的开发[M].北京：中国轻工业出版社，2005.

[8] [美]鲁道夫·阿恩海姆.视觉思维[M].北京：光明日报出版社，1986.

[9] [英]东尼·博赞.思维导图[M].北京：外语教学与研究出版社，2005.

[10] [美] 诺曼·克罗.保罗·拉索.建筑师与设计师视觉笔记[M].北京：中国建筑工业出版社，1999.

[11] [英]布莱恩·劳森.设计思维——建筑设计过程解析[M].北京：知识产权出版社·中国水利水电出版社，2007.

[12] 刘道玉.创造思维方法训练[M].武汉：武汉大学出版社，2009.

[13] 傅世侠，罗玲玲.科学创造方法论[M].北京：中国经济出版社，2000.

[14] 柳冠中.综合造型设计基础[M].北京：高等教育出版社，2009.

[15] 冯崇裕、卢蔡月娥、[印]玛玛塔·拉奥.创意工具[M].上海：上海人民出版社，2010.

[16] 罗玲玲.建筑设计创造能力开发教程[M].北京：中国建筑工业出版社，2003.

[17] [美]盖尔·格里特·汉娜.设计元素[M].北京：知识产权出版社·中国水利水电出版社，2003.

[18] 范圣玺.可能的设计[M].北京：机械工业出版社，2009.

[19] [美]劳拉·斯莱克.什么是产品设计[M].北京：中国青年出版社，2008.

[20] 于帆、陈嫣.仿生造型设计[M].华中科技大学出版社，2005.

后 记

计算机的广泛应用，极大地提高了工业设计的表现力和工作效率。作为一种强大的工具，计算机终究替代不了人的设计思维。如何提高创作主体的思维能力，尤其是启发设计初学者的创新思维、提高创造力，一直是现代设计教育的重要课题。科学研究表明，人的大脑个体之间的物理差异很小，但在大脑运用上人与人的差距巨大；心理学家也证明了人的智商差异并没有想象中的那么大，但现实中人与人能力的差异却是千差万别。这里与其说是大脑或者是智商的差距，不如说是思维模式的差距。

有一种说法，创造的能力是无法教授的，只能启发和培养。包豪斯也有同样的观点：艺术和设计是无法传授的，但设计技能是可以通过学习获得的。所以，格罗皮乌斯校长聘请了一些手工艺人担任工作室的导师。当然，包豪斯距今将近一个世纪，这段时间创造学、认知学等学科得到了飞速的发展。从新的观点来看，创造能力能不能教，关键是对“教”如何理解，传统教育的知识灌输型的方法当然难以承担，而现代教育以启发式引导，改变思维模式和行为方式，让学生自主建构知识，以获得创造所需的动力。这才是我们所需要的创新教育。

现在，不管是在学校学习还是从事专业工作，越来越离不开计算机这样的工具，以帮助解决具体遇到的各种问题。作为工具本身，计算机不具备创造的功能，只有被人使用后，才能产生创造的结果。但在现实的教学中，老师还是习惯于详细地讲解譬如“螺丝刀”的功能和作用，考试的时候就会出现“什么是螺丝刀？”、“螺丝刀的功能和作用是什么？”之类的考题。如果学生按照标准答案做出来了，就算掌握了“螺丝刀”的知识，至于是否会使用就不得而知了，更何谈运用工具来进行创造？不妨翻一下创造学、创新思维训练之类的教科书，在每个章节后面都有：“创新思维训练的重要意义有哪几点？”、“什么是逆向思维？”等我们熟悉的、应试教育惯用的套路。从中可以看出我们还是习惯于用“知识灌输”的方法来进行创新教育。

本书尝试运用另外一种教学方式：在必要的理论知识讲授之后，主要通过训练课题让学生以个体或团队的形式参与创造性的解题活动，这些题目基本上是没有标准答案的，对学生所做训练结果也不当场评判。在课堂上营造一种让学生灵活使用不同思维工具的机会，并且在师生之间、学生与学生之间的彼此交流中提高创造力的教学气氛。本书的叙述方式：包括教学目的和要求、大量的练习题，以及学生作业试图真实呈现教学过程，作为一种教学设计供读者参考。

作为工业设计专业的教科书，本书对应的是“基础设计”之类的课程。此课程介于基础课（如立体设计）和专业设计课（如设计程序与方法）之间，在工业设计基础教学中起着承上启下的作用。希望本书的出版能得到国内工业设计教育界的批评指正。在此，特别感谢中国建筑工业出版社给我提供这次出版机会，感谢杭州电子科技大学工业设计系师生对本课程教学提供的支持。

叶　丹

2011年8月6日于杭州下沙高教园区